丛书主编　金黎平

马铃薯百科全书

马铃薯贮藏与加工

杨炳南　田世龙　杨延辰　主编

内蒙古人民出版社

图书在版编目（CIP）数据

马铃薯贮藏与加工 / 杨炳南，田世龙，杨延辰主编 . -- 呼和浩特：内蒙古人民出版社，2024.1

（马铃薯百科全书 / 金黎平主编）

ISBN 978-7-204-17289-4

Ⅰ . ①马… Ⅱ . ①杨… ②田… ③杨… Ⅲ . ①马铃薯 - 贮藏 ②马铃薯 - 薯类制食品 - 食品加工 Ⅳ . ① S532.093 ② TS215

中国版本图书馆 CIP 数据核字 (2022) 第 250956 号

马铃薯贮藏与加工

作　　者	杨炳南　田世龙　杨延辰
责任编辑	侯海燕
封面设计	刘那日苏
责任监印	王丽燕
出版发行	内蒙古人民出版社
地　　址	呼和浩特市新城区中山东路 8 号波士名人国际 B 座五层
网　　址	http：//www.impph.com
印　　刷	内蒙古爱信达教育印务有限责任公司
开　　本	787mm × 1092mm　1/16
印　　张	13.25
字　　数	205 千
版　　次	2024 年 1 月第 1 版
印　　次	2024 年 1 月第 1 次印刷
印　　数	1 － 2000 册
标准书号	ISBN 978-7-204-17289-4
定　　价	110.00 元

如发现印装质量问题，请与我社联系。

联系电话：（0471）3946120

《马铃薯百科全书》丛书编委会

主　编　金黎平

编　委（按姓氏拼音为序）

郭华春　金黎平　刘　刚　吕金庆

罗其友　蒙美莲　单卫星　盛万民

隋启君　宋波涛　田世龙　杨延辰

《马铃薯贮藏与加工》卷

主　编　杨炳南　田世龙　杨延辰

编　委（按姓氏拼音为序）

程建新　程跃胜　葛　霞　何江涛　霍　达　景全荣

李　梅　李守强　李永辉　林亚玲　吕程序　马　力

宋健宇　田甲春　田世龙　田逸英　万丽娜　王　来

徐考群　杨炳南　杨延辰　尹学清　张清泉　张小燕

赵　丹　赵凤敏　周海军

金黎平，1963 年 4 月出生，浙江东阳人。国务院政府特殊津贴专家和全国农业科研杰出人才。中国农业科学院蔬菜花卉研究所二级研究员，硕士生、博士生导师。现任国家马铃薯产业技术体系首席科学家，农业农村部薯类作物生物学与遗传育种重点实验室主任、薯类专家指导组组长，中国作物学会理事和马铃薯专业委员会会长，中国农村专业技术协会常务理事和薯类专业委员会主任委员，中国种子协会常务理事。从事马铃薯种质资源发掘与利用、重要性状遗传解析、高效育种技术、块茎形成和发育以及种薯繁育技术等研究。长期组织协调全国马铃薯科研工作，积极助力产业科技扶贫。获国家科技进步二等奖和中华农业科技奖一等奖各一项（第一完成人）。荣获全国创新争先奖章、全国三八红旗手、全国脱贫攻坚奖创新奖、全国巾帼建功标兵、全国农业先进工作者和国际块根块茎类作物学会终身成就奖等荣誉和奖项。2021 年所率领团队被中共中央、国务院授予“全国脱贫攻坚先进集体”称号，《以马铃薯综合高效育种技术助力产业科技扶贫》成果获统战部“各民主党派、工商联、无党派人士为全面建成小康社会作贡献”表彰。

总　序

马铃薯是世界第四大粮食作物，在 160 多个国家和地区种植，并成为许多地方人民日常膳食结构中的主要食物和传奇美食。有人说它创造了历史、影响了人类的文明进程。

马铃薯起源于拉丁美洲秘鲁和玻利维亚等国交界的安第斯山脉高原地区，以及中美洲和墨西哥中部。考古学家发现早在 8000 年前，生活在秘鲁和玻利维亚交界处提提卡卡湖边的古印第安人就开始驯化栽培马铃薯，马铃薯被南美洲古印第安人尊奉为“丰收之神”。16 世纪时，西班牙和英国的探险家分别从拉丁美洲将马铃薯带回本国种植，随后传入意大利及欧洲其他各地。18 世纪后，马铃薯在全世界广泛种植。

据考证，马铃薯可能于 17 世纪中叶传入我国。1993 年，我国成为世界上最大的马铃薯生产国，因其生长周期短，单位面积产量高，种植遍及全国各省、自治区、直辖市。我国常年种植马铃薯 7300 万亩、总产量 9500 万吨左右。马铃薯块茎营养丰富，用途广泛，既是重要的主食，又是蔬菜和加工原料。马铃薯产业发展在保障我国粮食安全、支撑绿色现代化农业发展、满足人民健康营养食物需求、发展区域经济、巩固脱贫成果和乡村振兴等方面具有其他作物不可替代的作用。

马铃薯的产业链长、马铃薯的作用大、马铃薯的营养全、马铃薯的故事多、马铃薯的文化美……2017 年，内蒙古人民出版社策划了丛书《马铃薯百科全书》，计划出版十分卷，近 300 万字。这套丛书的编写人员聚集了全国知名的马铃薯专家，他们查阅了大量的文献、资料和档案，考察调研了各地马铃薯产业发展以及与马铃薯相关的资讯、文化和美谈，搜集了大量与马铃薯相关的科学文化知识，以百科全书的形式，全面客观地描述了马铃薯相关知识，涉及马铃薯的起源与传播、营养与安全、生物学特性、种质资源利用与改良、品种选育与种薯繁育、栽培与机械化、病虫草害防控、贮藏与加工、产业经济和马铃薯文化等，既汇集了最全面的马铃薯科学研究成果，又荟萃了最丰富的马铃薯相关科普知识。

本书的出版，既弥补了系统全面介绍马铃薯专业和科普知识图书的不足，又为从事马铃薯科研、种植、生产加工和市场营销等相关人员以及消费者提供了一部权威的参考书。有幸作为这套《马铃薯百科全书》的主编，衷心感谢内蒙古人民出版社的精心策划，也感谢各分卷编写人员的辛勤付出，相信这套书的出版终将不负众望！

国家马铃薯产业技术体系首席科学家　金黎平

2022 年 4 月 22 日于北京

前　言

马铃薯贮藏与保鲜是马铃薯产业发展极其重要的环节，对马铃薯产业的健康发展具有重要的作用。通过贮藏与保鲜，可以调节马铃薯商品薯的供应期，延长加工薯的加工利用时间，实现马铃薯的有效增值；可以调节马铃薯种薯的生理特性，提高种薯的活性；可以有计划、均衡地供应商品薯和安全种薯，实现错峰销售，有效调节马铃薯的市场供应，降低价格波动幅度，促进消费。因此，适时收获马铃薯，改善马铃薯的贮藏条件，提高马铃薯的贮藏保鲜技术并进行科学合理的包装与运输对于提高马铃薯品质和经济效益具有重要意义。

马铃薯收获是其生产过程中的最后一个环节，也是影响马铃薯贮藏的关键环节之一。马铃薯一定要在适宜的成熟度时采收，采收过早或过晚都会对马铃薯的品质和耐贮性带来不利的影响。马铃薯采后贮藏期间在外界环境的综合影响下，仍然进行着一系列的生理生化变化，呼吸、蒸发、发芽、腐烂和病虫害等因素会导致马铃薯损失，块茎内的一些成分如淀粉、维生素 C 、水分等发生变化会直接影响马铃薯的品质。因此，必须通过调节贮藏环境的温度、湿度及气体成分，或施加必要的、安全的外源保鲜剂处理来综合防止马铃薯块茎腐烂、发芽、失水的发生，以保持马铃薯的优良品质。

随着我国马铃薯产业的不断提升和加工业的不断发展，马铃薯贮藏设施得到了前所未有的发展与提升，从传统的以农户为主体自给自足型的简式贮藏窖发展到今天的多种形式、不同种类且适合不同需求的大、中、小型设施共存的格局，为马铃薯产业的健康发展提供了有力支撑。常见的马铃薯贮藏设施有贮藏库（包括自然通风贮藏库和机械强制通风贮藏库）、贮藏窖（井窖、窑窖、棚窖）、恒温库和临时贮藏马铃薯的土沟等。贮藏后的马铃薯进行科学合理的包装、运输是提高马铃薯经济效益的后期措施。马铃薯包装从无到有，从以软袋为主到针对不同用户、不同用途的大中小、高中低、散软硬等多种包装形式并存。马铃薯运输从作为普通物料运输方式发展至辅以保鲜保温保质为主的专车运输。但随着我国经济的迅速发展，马铃薯生产规模化不断提升，人民生活水平和消费需求也在不断提高，对马铃薯的贮藏品质和包装等提出更高的要求，而且在基于粮食安全、大力发展马铃薯产业的今天，还需要进一步加强马铃薯采后贮藏、包装与运输的科技水平。

马铃薯加工业是马铃薯产业链延伸、价值链提升及其制品安全供给的重要环节，是以消费需求为导向、工艺技术为基础、装备集成为支撑、品质安全为标准，将马铃薯加工成多种制品的系统工程。贮藏加工是连接马铃薯产业栽培种植（一产）和市场流通（三产）的桥梁，是将“小土豆”做成“大产业”不可或缺的“平衡器”。

国外马铃薯加工业兴起时间早、产业完善。西欧和北美引领了世界马铃薯加工工业化的发展，无论加工技术还是加工制品品质及贸易量都代表了世界先进水平，从原料贮运、加工到物流等，整个马铃薯加工产业体系较为成熟，其生产工艺以及加工设备趋于完善，加工制品具有较为统一的质量标准。加工产品也很丰富，除了传统的马铃薯淀粉、全粉、速冻薯条以外，还有近年发展起来的冷冻马铃薯泥、冷冻薯丸、脱水薯丁、脱水薯片等制品。

我国马铃薯加工业是伴随着食品和农产品加工业的发展并肩而进，又是在跳跃式发展中形成的新兴行业。20 世纪中叶以前，马铃薯主要用作蔬菜、主食或饲料，基本以家庭手工制作为主，其中马铃薯“三粉”（粉条、粉丝、粉皮）也属手工作坊式制作。随着我国工业的发展及人民生活水平的提高，市场需求不断变化，马铃薯工业加工制品从无到有、从少到多、从简到繁，加工工艺技术及设备也不断发展、完善并推广应用。马铃薯淀粉的工业化加工时间较早，1938 年，黑龙江讷河建立了第一家半机械化马铃薯淀粉加工厂；1983 年，在陕西省清涧县，第一条机械化马铃薯淀粉生产线投入使用。到 20 世纪 90 年代末，马铃薯淀粉加工技术与装备有了质的突破，实现了大型、全封闭、逆流式自动控制的高效、优质淀粉工业化生产。同时，马铃薯全粉、速冻薯条、油炸薯片、复合薯片、变性淀粉等马铃薯制品或下游产品也在国内悄然兴起。为满足市场需求，加工企业引进了大量欧美先进国家的加工技术及装备用于生产。21 世纪初，通过消化吸收国外先进的马铃薯加工技术及装备，结合国情，自主创新，实现了我国马铃薯制品工业化加工整体工艺技术水平和技术装备能力的提升。马铃薯分选分级源于消费者对鲜薯洁净、大小等要求的提高及全粉、薯条、薯片等精深加工企业对原料干物质含量、还原糖含量、内外部缺陷的要求，开始研发技术及装备并逐步完善；马铃薯鲜切半成品加工主要是随着我国“中央厨房”的兴起和“十三五”马铃薯主食化战略的实施而受到重视并开发应用。

工业化加工的马铃薯制品包括鲜薯分选（分级、检测）、马铃薯鲜切半成品（片、丝、条、丁等）、薯饼、薯泥、马铃薯脱水制品（薯干、薯片、薯丁）、马铃薯“三粉”（粉条、粉丝、粉皮）、马铃薯淀粉、马铃薯全粉、速冻薯条、油炸薯片（鲜切）等，每种制品的消费方式和用途不同，产品标准不同，工业化加工的工艺技术及使用的设备也各不相同。与手工作坊加工方式相比，工业化加工车间环境卫生安全有保障，工艺流程稳定，操作过程规范，产品品质一致。同时，生产规模不断提升，加工有装备，质量有标准，安全有保障，是未来发展的必然趋势。

目　　录

马铃薯贮藏与保鲜

马铃薯收获

马铃薯采后特性

马铃薯贮藏设施

马铃薯薯泥加工

马铃薯淀粉加工

马铃薯变性淀粉加工

马铃薯“三粉”（粉条、粉丝、粉皮）加工

马铃薯贮藏与保鲜

马铃薯收获

收获是马铃薯生产中最后一个环节，也是影响马铃薯贮藏的关键环节。收获的目的是将马铃薯在适当的成熟度时转化为商品，马铃薯收获时力求做到最小的损伤和损失。马铃薯收获过程中产生损失的主要原因是因采收成熟度不当和采收的工具不当、方法不当引发的机械损伤造成的，同时在采收后的贮运过程中缺乏有效的保护。马铃薯一定要在适宜的成熟度时采收，采收过早或过晚均会对马铃薯的品质和耐贮性带来不利的影响。在收获过程中，需要注意两个方面：一是要正确使用采收工具，避免收获的块茎受到不必要的损伤。二是要注意检查是否收获彻底，不能把马铃薯大量遗留在田地里。无论是用机械收还是畜力犁收都应再复查确认。

适时收获

马铃薯在生理成熟期时收获产量最高，其生理成熟的标志是：一是叶色由绿逐渐变黄转枯，这时茎叶中养分基本停止向块茎输送；二是块茎脐部与着生的匍匐茎容易脱离，不需用力拉即与匍匐茎分开；三是块茎表皮韧性较大、皮层较厚、色泽正常。在马铃薯块茎膨大期，每天每亩要增加产量 40 ~ 50 千克，此时，应根据马铃薯本身的成熟特性以及早熟、中熟和晚熟不同品种，兼顾市场规律，因货以少为贵，要选择适宜的收获时间。一般商品薯生产尽量争取最高产量，但实际上有的时候不一定在马铃薯生理成熟期收获，还有可能因品种情况和市场状况适当早收。如早熟品种，其生理成熟期需 80 天（出苗后），但在 60 天内块茎已达到上市要求，即可根据市场需要进行早收。另外，秋末早霜后，虽未达到生理成熟期，但因霜后叶枯茎干，不得不收；有的地势较低，雨季来临时为了避免涝灾，必须提前早收；还有因轮作要安排下茬作物播种，也需早收。此外，在秋雨少、霜冻晚、土壤疏松的地方，可以适当晚收获。在实际生产过程中要灵活掌握收获期。商品薯和种薯在收获上是有区别的，商品薯是为了高产增收，而种薯则要求无毒无病高质量，只要求繁殖系数高，不过于追求高产和大块茎的要求。另外，有的农民为了把大块的马铃薯提早上市，常采取“偷”薯的办法，即先把每株上的大块茎摘收，而后加肥、培土、浇水，只要不损伤植株根系，马铃薯植株仍可正常生长，剩下的小块茎仍有较高的产量。总之，收获期有各种情况，应根据实际需要而定。

杀秧

当马铃薯植株仍在生长时，收获的马铃薯较幼嫩，薯块易受损伤，表皮易分离，韧性差，在贮运过程中易被病菌侵染，进而发生病害。一般情况下，薯块轻微损伤可以通过本身的愈伤功能使受伤的表皮木栓化，但木栓化会使马铃薯表皮出现斑块，影响美观。因此，在马铃薯收获前可采用机械或化学方法使植株停止生长，即进行杀秧，以保证马铃薯薯皮充分老化，减少机械损伤。

常见的杀秧方法有碾压处理、割除、化学处理和适当晚收等。若马铃薯植株在生长过程中病害轻微，可根据市场需求，在收获前 7 ～ 10 天选用碾压处理的方法。一般采用机器或牲畜牵引木辊碾压植株，使植株中的养分转入薯块，加快薯皮的木栓化程度。当马铃薯田内病害比较严重，很难防治时，需选择尽早割秧的办法。虽然割秧对产量有一定影响，但减少了薯块染病率和腐烂率，起到稳产保值的作用。割秧处理一般是用镰刀直接将地上的植株割除，并及时将病秧运出田间，减少病菌在田间的存留量。此外，还可采用化学方法杀秧，如用适量的除草剂“克无踪”“敌草快”等就能将马铃薯植株杀死，起到很好的杀秧效果。当薯秧被晚霜杀死后，可根据天气状况，适当延长 7 ~ 10 天收获，确保马铃薯皮完全木栓化。一般情况下，收获前 1 ~ 2 周杀秧就能使薯块表面老化和木栓化，并增加薯块的韧性和弹性，显著减少收获、运输和贮藏过程中造成的机械损伤。对于种薯生产而言，可在马铃薯植株尚未枯黄时杀秧，使薯块在土内留存 7 ~ 10 天，减少薯皮损伤和病菌侵染。

机械收获

马铃薯机械化收获方式主要有分段收获与联合收获两种方式。分段收获即采用多种机械分环节依次完成，机械设备主要包括挖掘机和捡拾机。联合收获即一种机械一次性完成挖掘、捡拾、输送分离、装车（装箱、装袋）作业。

1. 马铃薯分段收获主要技术

由于我国马铃薯收获机械化技术研究起步较晚，当前大部分种植户仍以人工方式收获，部分机械化产区也仅采用分段收获方式进行收获作业。按照作业工序划分，马铃薯分段收获主要包括挖掘、输送分离、集条铺放和捡拾等关键技术。

（1）挖掘技术

挖掘是马铃薯整个收获过程中最为关键的工序，其作用主要是打破土壤和马铃薯块茎及根系团聚体，将马铃薯块茎从土壤中挖出。现有挖掘铲主要包括固定式和振动式两种。国内多家公司研发出基于振动挖掘技术的马铃薯收获机，这类收获机结构原理类似，相对较为简单，整机与手扶拖拉机直连或与小四轮拖拉机三点悬挂连接，主要应用在丘陵山区等小地块，收获一垄一行或一垄两行种植的马铃薯。固定挖掘技术多用在中型马铃薯收获机上，通常采用条形、单角形或多角形平铲，一般通过调节尾部限深轮来调节振动铲入土角度。组合式挖掘技术主要应用在大型马铃薯收获机和联合收获机上，采用分体式组合挖掘形式，通常情况下配有限深挖掘辊和挖掘铲入土角度调节部件。

（2）输送分离技术

输送分离是马铃薯机械收获除挖掘外另一关键工序，其作业性能直接影响收获效果。当前马铃薯输送分离装置主要包括振筛式和带杆式。振动筛将挖掘和输送分离两个装置分开，并且引入振动挖掘和振动筛分，形成了筛式分离输送装置，主要应用在丘陵山区小地块作业。但采用振动输送分离，块茎损伤率较大。带杆式输送分离装置广泛应用在马铃薯分段式和联合式收获机上，该装置主要由两侧皮带和等间隙布置的杆条组成，采用后驱动方式实现薯土分离。通常情况下小型和中型马铃薯收获机采用一级带杆式输送分离装置，马铃薯大型和联合收获机采用二级带杆式输送分离装置。由于二级带杆式输送分离装置在结构上存在伤薯率较高的问题，有学者提出了新型的“S”形带杆式装置，该结构将原来二级输送结构合并成一级输送结构，可以使马铃薯平滑过渡到后面，避免伤薯问题发生。

（3）集条铺放及捡拾技术

马铃薯收获后集条铺放主要有直铺式和侧铺式两种形式。直铺式是在马铃薯经过薯土分离之后被直接铺放到地面上。通常情况下在输送分离装置两侧装有集薯挡板来将马铃薯进行初步归拢，提高集薯效果。侧铺式是指马铃薯在经过薯土分离之后落入横向输送装置上，实现马铃薯侧向归集铺放。主要的侧铺放结构有链杆式和皮带式两种。

捡拾是在马铃薯分段收获铺落地面之后的重要工序，可有效减少人工劳动强度。当前我国马铃薯分段收获后仍然以人工捡拾为主，集挖掘、输送、分离、捡拾、装箱（袋、车）一体化联合收获机械多为大型的进口设备。但是国内近年发展较快，相继研发出了大、中型自走式或牵引式马铃薯联合收获新机械，能够一次性完成马铃薯挖掘、薯土分离、人工辅助分拣装筐（袋）等作业。

2. 马铃薯收获机主要机型

马铃薯收获机从动力上主要分为牵引式马铃薯收获机、自走式马铃薯联合收获机两种类型。

（1）牵引式马铃薯收获机

牵引式马铃薯收获机是目前使

用最为普遍的一类收获机，根据收获方式的不同又可分为牵引挖掘式马铃薯收获机和牵引式马铃薯联合收获机。牵引式马铃薯联合收获机主要由牵引装置、挖掘铲、升运输送装置、薯土分离装置、多级分级机构、清选装置、机架等部分构成。工作原理：仿形镇压限深轮有仿形功能的同时将地表土块压碎，挖掘铲跟随着机器前进，对挖掘铲限定挖掘深度，挖掘铲将薯块与土块等一起掘起疏松后进入一级薯土分离装置完成对部分土壤和杂物的先分离，薯块和剩余杂物被输送至茎秆分离装置，通过升运输送装置后，薯块将进入一级分级机构，尺寸相对较大薯块将随着一级分级机构被输送到清选台，完成清选后装袋，中小薯块将从一级分级机构的空隙中落到二级分级机构，其中中等薯块随着二级分级机构被输送到中号薯块集装箱，最小的薯块将直接从二级分级机构的空隙中落到小号薯块集装箱。

（2）自走式马铃薯联合收获机

自走式马铃薯联合收获机主要由杀秧装置、驾驶室、仿形碎土装置、挖掘装置、薯土分离装置、薯秧分离装置、薯块输送、分级、装袋装置及机架等部分组成，可以一次完成杀秧、薯块挖掘、根茎分离、薯土分离、清选与分级、提升及装卸等作业。自走式马铃薯联合收获机较牵引式收获机而言有机械化程度高、效率高且收获品质高于人工收获的特点。工作过程：机具行进过程中由杀秧装置将地面上的薯秧去除，同时仿形碎土装置限定挖掘深度，挖掘铲将马铃薯、残余薯秧、土及土块掘起后进入三级薯土分离装置，完成马铃薯分离中去土、除秧、分级的工序。

通过对几种马铃薯收获机型进行比较发现（见表1–1–1），牵引挖掘式收获机在我国占据重要地位，但其存在收获人员劳动强度较大等问题。随着集约化种植的发展，牵引式联合收获机的应用越来越广泛，但存在大功率牵引拖拉机不易与其配套，操作起来烦琐，收获前需进行杀秧作业，作业周期长，并且比自走式联合收获机效率低，在黏重土壤条件下收获含杂率过高等问题。自走式马铃薯联合收获机自带动力输出装置，可一次完成马铃薯的杀秧挖掘、薯土分离、薯块输

表 1-1-1　各类型马铃薯收获机的比较

类型		优点	不足	应用情况	前景
牵引式马铃薯收获机	牵引挖掘式马铃薯收获机	伤薯率低，明薯率高，含杂率低，结构简单，操作方便，与之相配的拖拉机常见，适用于小地块，价格便宜	收获劳动强度较大	在我国西北地区小地块的马铃薯种植户中使用较多	逐步被取代
	牵引式马铃薯联合收获机	伤薯率低，明薯率高，含杂率低，可一次完成马铃薯挖掘、薯土分离、薯块输送、分级作业，劳动强度较低，工作效率较高	对配套的动力要求高，需要大马力拖拉机牵引其作业，操作烦琐	在我国东北垦区大中型地块中使用较多	大面积推广
自走式马铃薯联合收获机		操作简单，自带动力输出装置，可一次完成马铃薯杀秧挖掘、薯土分离、薯块输送、分级装袋等作业，劳动强度低，工作效率高	伤薯率、含杂率高，价格昂贵，维护烦琐	目前国外如比利时、德国等国家广泛使用，而国内使用较少	在大型农场马铃薯收获中使用较多

送、分级、装袋等作业，具有劳动强度低、工作效率高等优点。

人工收获

马铃薯人工收获包括传统人工收获和人工加畜力收获两种方式。传统人工收获多使用铁锹等简单工具进行翻挖，适用于种植面积较小的种植户。人工加畜力的收获方式适合种植面积较大的种植户，主要利用犁铧翻出马铃薯，人工进行收捡装车。其中犁铧的形状及翻挖的深度和力度关系到马铃薯的收获质量。人工收获方式存在劳动强度大、漏薯伤薯严重、效率低下等问题。

马铃薯采后特性

马铃薯块茎既是繁殖器官，又是贮藏器官。收获后的块茎含水量高，薯皮木栓化程度低、易受损伤，且在贮藏过程中极易遭受病菌的侵染而腐烂。加之贮藏期间马铃薯块茎在外界环境的综合影响下，仍然进行着一系列的生理生化变化。在贮藏过程中马铃薯由于呼吸、蒸发、发芽、腐烂和病虫害等原因会受到严重损失，一些营养成分如干物质、还原糖、维生素 C 等发生变化，这些营养成分的变化也将影响马铃薯加工产品的质量。

采后损失

马铃薯收获后块茎质量和品质均可能下降。质量的损失由机械、生理或病理，或者三者共同作用引起。受块茎自身状态的影响，马铃薯收获后，在贮运过程中会出现由于块茎腐烂、萎蔫、发芽、冻害、机械损伤、表皮附着泥土等因素导致的经济损失严重时，甚至失去使用价值。

1. 机械损伤

机械损伤会造成马铃薯块茎次级生理和病理损失。机械损伤以许多形式发生，并且可在所有阶段发生：从收获前到收获时，再到操作处理（如分级、包装、运输以及市场上的摆放），最后到消费者家中。尽管马铃薯块茎在每一时期都会受到明显的损伤，但总损伤的近 3 / 4 是发生在收获期，损伤的块茎一般不能直接进入贮藏阶段。

机械损伤大体可划分为两种类型：一种为破裂，即外表皮受损；另一种为内部瘀伤或黑心，即块茎薯肉变黑或变色且与表皮破裂无关。破裂损伤可进一步划分为擦伤（仅表皮受伤）和薯肉损伤（擦伤处更深一些）。所有类型的损伤可能由碰撞引起，块茎遭受损伤的类型常常由所处的条件决定。

在收获和操作处理过程中，影响损伤程度的因素包括土壤条件、块茎条件、温度、收获和操作设备的设计等。收获时的土壤条件极大地影响着损伤水平。例如，大土块和石块，特别是有棱角或尖的石块，会增加损伤程度。一般来说，极端潮湿或极端干燥的土壤条件都会增加损伤。块茎破裂或内部瘀伤的程度受块茎干物质含量和碰压的影响。内部瘀伤的发生和干物质含量间存在直接相关性：干物质含量越高，块茎瘀伤的程度越严重。而干物质又受生长条件和品种的影响。品种、土壤类型和温度还会影响块茎形状和薯皮的强韧度，强韧的薯皮对破裂发生有抑制作用。收获时的成熟度也会影响擦伤程度，不够成熟、新鲜的块茎更易发生瘀伤。如果需要在块茎自然成熟前收获，则需要根据当地的品种和贮藏环境提前 15 天左右通过物理或化学的方式杀秧。

马铃薯在 5℃ 的低温时更容易发生机械损伤，若条件允许，可以在进行分级操作之前，升高敏感块茎的温度，从而降低损伤。另据报道，在缺钾条件下生长的块茎更容易发生瘀伤。显然，无论采取人工还是机械收获，操作处理的谨慎程度都与损伤程度密切相关。随着产业化的发展，大规模的种植者越来越多，在收获设备的选择上，要考虑收获机采用两级网链结构，整体机架尽可能要低平。一级网链不需要做柔性防护，作业时马铃薯和周边土壤被整体“抬移”到一级网链上，由橡胶做柔性防护的二级网链从一级网链接到去掉大部分土壤的马铃薯进行除秧，然后输出，或通过联合方式直接装车。收获设备上的马铃薯流越大，磕碰损失越小。受损伤的马铃薯块茎的保存期总是短于未受损的块茎。

2. 生理损失

马铃薯是有生命力的器官，收获过程中将其暴露在极端温度下，通过自然呼吸作用以及水分的蒸腾作用将发生生理损失。损失的程度取决于贮藏环境，但受伤和生病的块茎其损失概率总是大于健康的块茎。

在贮藏前期、中期或后期，将块茎暴露于极高或极低的温度下均可能引起生理损伤。在收获后，不要将块茎直接长时间暴露于阳光下，这种暴露会促使马铃薯绿变，这是鲜食薯需要避免的，并且块茎过热会导致细胞死亡、块茎变黑。在高温贮藏且通风不足的情况下，会有黑心病状发生。这种变色和块茎内部组织的损害是缺氧导致的结果。因为高温会加快马铃薯块茎的呼吸速率，增加氧气需求，所以在高温贮藏时更容易出现缺氧，要注意通风。

置于极冷温度（冰点）下的马铃薯块茎会因内部形成冰晶而受到损伤。即使轻度结冰的块茎，其维管束也会变色。长期暴露在这样的条件下，会导致块茎髓部变为深色坏死，还会导致块茎维管组织坏死。冰冻 4 ~ 5 小时的块茎几乎不表现出内部变色的症状，但组织几乎全部死亡，解冻后块茎会变湿、变软，并流出液体。长期将块茎置于稍高于冰点的温度下，会引起低温损伤，导致薯肉和薯皮出现红褐色斑点或斑块。

贮藏期间块茎的呼吸作用会导致干物质的损失。在 10 ℃的温度下贮藏，第一个月的损失占鲜重的 1 % ~ 2 %，在以后的每个月为 0.8%。当块茎的水分损失超过 10 % 时，会出现外观皱缩，从而影响块茎的可销售性。块茎的水分损失是由蒸腾作用造成的。马铃薯的水分损失速率与水蒸气压差（VPD）或空气的干燥程度成比例。在任何给定的水蒸气压差下的水分损失，都会受到成熟块茎的周皮或外皮层的限制。除去或损伤周皮会增加蒸发速率，新收获的未成熟块茎的表皮上的渗透性更强，且因嫩芽表面的水蒸气在未成熟块茎的表皮上的渗透性更强，所以当芽开始生长时，水分损失会增加。未损伤的成熟块茎，其水分损失量平均为 0.14 % ~ 0.17 % 块茎重 / 周 / 毫巴水蒸气压差，而损伤的块茎中将上升到 0.5 % ~ 0.8 % 块茎重 / 周 / 毫巴。同样每增加 1 % 的芽重，可增加 0.07 % ~ 0.1 % 块茎重 / 周 / 毫巴水蒸气压差的蒸发损失。块茎周围空气的水蒸气压受其相对湿度和温度的影响。在相对湿度不变时，水蒸气压差随着温度的增加而增加。相反地，当温度不变时，水蒸气压差随着相对湿度的增加而下降。

贮藏损失的另一个生理因素是发芽。发芽会降低马铃薯的商品性并导致水分和呼吸损失的增加。受伤染病的块茎其发芽早于完整健康的块茎。正常情况下，收获后的块茎需要休眠，即使在最适宜的条件下也不会发芽。马铃薯品种和贮藏温度是影响休眠期长短的两个最重要的因素。一般而言，贮藏温度为4 ~ 21 ℃，温度越高则休眠期越短。先贮藏在低温下随后贮藏于10 ℃的块茎休眠期要比一直贮藏于10 ℃条件下的更短。不同品种对温度变动的反应不同。尽管休眠期长短与幼芽生长率间没有明显的联系，但芽的生长始终伴随着休眠的破除。影响芽生长速率和形状的主要因素包括品种、温度、湿度和空气成分以及光照程度。在小于或等于5 ℃贮藏时芽生长缓慢，温度高于5 ℃以上时芽的生长随着温度的升高而增加。20 ℃是芽生长的最适温度，温度高于20 ℃时生长速率下降。贮藏湿度也能影响芽的生长速率，芽的形状也会受影响。

3. 病理损失

微生物侵染可能会引起严重的采收后损失。但是，物理和生理的伤害通常会使马铃薯块茎更易受病原物攻击。这类损失不仅会引起健康组织数量的减少，还会造成品质下降。由病原微生物引起的组织数量损失，是由于寄主组织被快速完全损坏而造成的，如感染枯萎病、粉腐病、干腐病、细菌性软腐病等。攻击方式常常通过特异的病原菌进行初侵染，随后是广谱次级生物的大量侵染，如软腐病。由病原引起的感观质量损失是由斑点性病害引起的，如常见的疮痂病、粉痂病、黑痣病、银腐病等，也可能导致块茎畸形。这类病害尽管不会引起块茎腐烂，但会影响马铃薯的外观，进而影响其商品价值。另一组病害如皮斑病和丝核菌导致的黑痣病会杀死马铃薯的芽眼。这些病害在种薯生产中非常常见，要格外注意。

收获后的马铃薯可能收获之前在大田中已受病害侵染，也可能是在收获时或收获后受侵染。发生在收获前的侵染，腐烂一般会在田间立即爆发，并且在收获后的贮藏期继续发生，如晚疫病、褐腐病、粉腐病。相反地，另一种情况的侵染是潜伏的，仅仅在之后的贮藏中显露出来，如早疫病等。发生在收获时或之后的侵染通常发生在机械伤口处，如干腐病、湿腐病和坏疽病。收获后侵染块茎的病原菌大多数是伤口寄生菌，几乎不会通过健康且未受伤的表皮侵染。但一些病原菌特别是 *Erwinia* spp. 通过自然的外皮开口，如皮孔侵染块茎，特别在贮藏温度较高且块茎表面存在自由水分冷凝的情况下更易被侵染。

此外，昆虫、线虫及其他有害动物，如啮齿类和鸟类等也会造成马铃薯块茎损失。收获后引起危害最大的昆虫是马铃薯块茎蛾。对贮藏的块茎来说，最初的侵染主要是收获时幼虫对块茎的侵染。成年块茎蛾很容易迁飞，可从大田迁移到贮藏设施中。成熟的马铃薯块茎蛾会在马铃薯的芽眼上或其附近产卵，孵化出的幼虫从芽眼钻孔进入块茎并同时取食薯肉。幼虫不仅会直接导致马铃薯重量的损失，而且还会引起伤口皱缩和微生物的二次侵染。二次侵染也可在其他虫害对块茎造成损害后发生，如蛞蝓、金针虫和切根虫。当马铃薯块茎蛾的幼虫成熟时，它们会在块茎外面作茧并在那里化蛹，形成成熟个体，并重复这种循环（3 ~ 4 周），同时也会迁飞至大田中。种薯贮藏中，蚜虫对幼芽的严重侵扰会在某些病毒病的传播中发挥一定的作用，特别是马铃薯卷叶病毒。

块茎营养

马铃薯除碳水化合物含量高外，还含有大量的其他营养成分，如蛋白质、矿物质和维生素等，除此之外，还含有酶、膳食纤维素、酚醛物质和核酸等。马铃薯块茎的成分含量见表 1-2-1。马铃薯块茎

表 1-2-1　马铃薯块茎的主要成分平均含量（每 100g 可食部分）

成分	鲜马铃薯	干马铃薯
热量（KJ）	318.2	1343.06
干物质（g）	20	88.3
碳水化合物（g）	17.1	74.3
蛋白质（g）	2.0	8.4
脂肪（g）	0.1	0.4
可食纤维（g）	2.1	8.4

的营养成分因品种、生长季节、土壤类型、贮藏条件不同而异。

1. 碳水化合物和能量

马铃薯中的碳水化合物占干重的 80 %，主要由淀粉组成，碳水化合物的营养功能就是提供热能。马铃薯的加工方式不同，摄入相同质量的马铃薯后提供的能量也存在差异，水煮马铃薯约提供 335.3 kJ / 100 g 的能量，而油炸马铃薯约提供 670.4 kJ / 100 g 的能量。

（1）淀粉

淀粉是马铃薯的主要贮能物质，是衡量马铃薯品质的一个重要指标。淀粉占马铃薯块茎干重的 65 % ~ 80 %。马铃薯中的淀粉分为直链淀粉和支链淀粉，其中支链淀粉含量高，直链淀粉含量低。淀粉在马铃薯块茎中的分布不均匀，维管束环附近的淀粉含量最多，从维管束环由外向内淀粉含量逐渐减少。块茎的形成层和髓外部含淀粉最多（占块茎重的 70 %），表皮和髓内部含淀粉量少（占块茎重的 25 % ~ 30 %）。一般随贮藏时间的延长淀粉含量呈下降趋势。贮藏温度降低，淀粉的含量也随之减少。马铃薯在 1.1 ~ 3.3 ℃条件下贮藏 2 ~ 3 个月，淀粉损失较大，有的损失量可达 30 %。

淀粉的含量及其物理、化学性质和组织学特性不仅与加工产品所涉及的各种参数密切相关，而且也决定着加工适宜条件和产品。马铃薯块茎中的淀粉以显微可见的淀粉粒状态位于薄壁组织细胞内壁表面的白色体中。马铃薯淀粉的特性基本上取决于淀粉粒大小，马铃薯淀粉颗粒呈椭圆形，平均大小为 100 μm × 65 μm，比谷物淀粉粒大得多。淀粉粒的形状呈圆球形、椭圆形、卵圆形、多面体形、棒槌形或梨形，少见三角形、类三角形等，有明显或不明显的一至数个脐点和条纹，如图 1-2-1 所示。

马铃薯块茎的相对密度、总

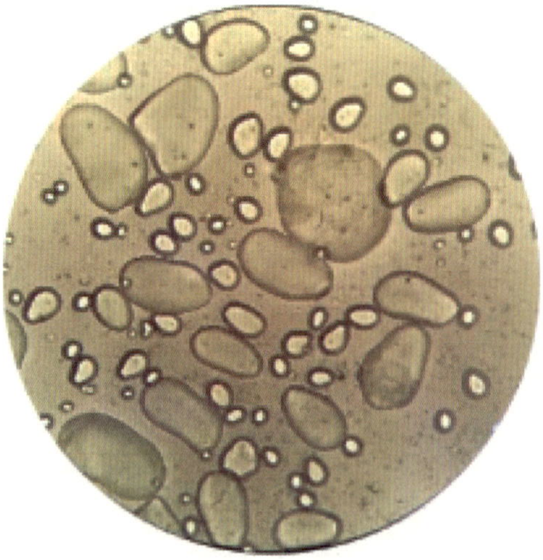

图 1-2-1　大西洋马铃薯淀粉粒

固形物与淀粉含量存在密切的相关性。通过相对密度测定得出淀粉含量的计算式为：

淀粉含量（%）= 17.546 + 199.07×（相对密度 − 1.0988）

淀粉含量的影响因素：

品种差异。不同品种淀粉含量存在差异，早熟品种块茎的淀粉含量低于中晚熟品种。

温度影响。马铃薯在生长过程中昼夜温差大有利于淀粉积累，但在马铃薯贮藏过程中，适宜的低温可延缓贮藏过程中淀粉的降解，但过低的温度反而会引起淀粉的快速降解。

光照影响。日照长有利于马铃薯生长过程中淀粉的积累。

淀粉含量与营养因子、马铃薯的疾病及所用化学药剂也有关。

（2）糖类

马铃薯中的糖含量为干重的0 ～ 10%，或占非淀粉固形物的1 / 3 ～ 1 / 2，马铃薯块茎中不仅有游离糖，同时还有糖的磷酸酯。马铃薯块茎中的糖含量分布不均匀，一般块茎顶部的糖含量比基部少15 % ～ 20 %。马铃薯块茎中的糖分主要以还原糖（葡萄糖、果糖）和蔗糖为主。一般情况下块茎中没有麦芽糖，但在块茎萌发阶段，淀粉分解较快，麦芽糖可积累到1 %。块茎中糖及其衍生物的含量如表1–2–2所示。马铃薯中的糖含量与贮藏温度有关。马铃薯块茎在

表1–2–2　马铃薯块茎中的糖及其衍生物的含量（以干重计）

成分	含量（%）
葡萄糖	0.5 ~ 1.6
果糖	0.3 ~ 2.9
蔗糖	0.6 ~ 6.7
麦芽糖	0 ~ 1.0
丙糖磷酸酯类	0.2 ~ 1.0
1 – 磷酸葡萄糖	0 ~ 0.2
6 – 磷酸葡萄糖	0.7 ~ 4.5
6 – 磷酸果糖	0.2 ~ 2.5
肌醇	0.1 ~ 0.4

相对较低温度贮藏时糖含量会显著提高。在低温条件下形成的糖含量取决于栽培品种、成熟度、预处理、贮藏温度及贮藏环境中气体组分。马铃薯在较低温度下贮藏，糖含量提高，在不同温度下，蔗糖和还原糖以不同的比例积累。一般而言，马铃薯还原糖含量超过干重的2 %，就认为不适合用于加工。还原糖含量与褐变呈正相关关系，但也有例外，同时也表明除还原糖和氨基酸以外，还有其他因素参与马铃薯产品褐变，包括有机酸、pH 值、微量的铁或锰和无机磷酸盐。已有研究表明，所有这些都会影响非酶促褐变系统中的褐变速率。

（3）其他碳水化合物

马铃薯中含有纤维素、果胶物质、半纤维素和其他多糖。非淀粉多糖占马铃薯块茎的0.2 % ~ 3.0 %，纤维素占非淀粉多糖的10 % ~ 12 %，果胶物质含量为0.7 % ~ 1.5 %。马铃薯表皮中果胶物质含量为薯肉的10 倍。果胶是一种植物多糖，是植物初生细胞壁组成成分之一。果胶物质含有原果胶、可溶性果胶和果胶酸，原果胶占果胶物质的 70 %。马铃薯在贮藏过程中可溶性果胶的含量会提高，进而降低原果胶的含量。可溶性果胶占果胶物质的10 %，果胶酸部分为 13.25 %。半纤维素含有葡萄糖醛酸、木糖、半乳糖醛酸和阿拉伯糖，半纤维素占非淀粉多糖的 1 %。

膳食纤维又称食物纤维，是一类不被人体消化吸收的多糖类碳水化合物，它能够提供少许能量，同时还能发挥一些特殊生理功能，是继蛋白质、糖、脂肪、矿物质、水和维生素之后的第七营养素。膳食纤维包括纤维素、半纤维素、木质素和果胶物质。膳食纤维在人体内能刺激肠道蠕动，缓解便秘症状，还对心血管疾病、糖尿病、结肠癌等有一定预防作用。马铃薯薯皮及马铃薯淀粉和全粉生产中的副产物马铃薯渣中均含有丰富的膳食纤维、纤维素、果胶游离氨基酸及多肽类物质。马铃薯渣是生产膳食纤维、果胶的良好原料，不仅可解决环境污染问题，还可降低马铃薯淀粉的生产成本。马铃薯中的膳食纤维含量与甘薯中的接近，低于谷物、豆科植物及其他植物的根和块茎。研究表明带皮马铃薯块茎的膳食纤维含量高于去皮的块茎。

2. 维生素

马铃薯中含有多种维生素，主要分布在块茎的外层和顶部，目前在马铃薯中发现的维生素有维生素A、维生素 B_1、维生素 B_2、维生素 B_5、维生素 B_6、维生素 PP 及维生素 C，其中以维生素 C 含量最多。每 100 g 块茎中含有 10 ～ 35 mg 维生素 C，新收获的马铃薯中维生素 C 较多。块茎皮中的灰分、粗纤维、蛋白质、维生素 B_2 含量显著高于相应薯肉样品的含量，但薯肉中维生素 B_1 的含量比薯皮的含量高。薯皮中的维生素 C 含量较薯肉少，薯皮和薯肉中维生素 B_6 含量相差不大。马铃薯中的维生素含量在加工过程中因加工方式的不同，其含量变化存在差异，去皮马铃薯在烹调时维生素 C 大约损失 25 %，而带皮薯块损失 20 %。马铃薯中的维生素 C 大部分集中在块茎的形成层中，表皮和髓部含量很少。一个中等大小的马铃薯可提供相当可观的 B 族维生素，食用一个烤马铃薯可以摄入身体所需 10 % 左右的烟酸、9 % 左右的维生素 B_1 以及 3 % ～ 4 % 的维生素 B_2。B 族维生素不仅是身体健康和生长所必需的物质，而且是碳水化合物代谢、神经系统发挥正常功能、正常消化和皮肤健康所必需的物质。所有 B 族维生素对排解紧张和压力非常有价值。马铃薯中的维生素含量取决于品种、成熟度、采收前作物吸收的矿物营养素、土壤类型、收割日期、氮肥和磷肥的施用情况及贮藏条件等因素。在块茎贮藏 2 ～ 3 个月后，维生素 C 的损失平均达 50 %，贮藏 5 ～ 6 个月后，维生素 C 的损失平均达 60 %。块茎贮藏过程中维生素 C 的损失大部分发生在贮藏前期。

马铃薯中的维生素 C 以还原态（抗坏血酸）和氧化态（脱氢抗坏血酸）两种状态存在，但后者的含量很低。在加工过程中，脱氢抗坏血酸不可逆地转变为二酮古洛糖酸。二酮古洛糖酸不具有维生素 C 的生物活性。温度和贮存时间均影响维生素 C 的含量。在加工过程中，只有 23 % 的烟酸可以被利用。

3. 蛋白质

马铃薯块茎中含有 2 % 左右的蛋白质，其品质与鸡蛋蛋白质相当，

表 1-2-3　马铃薯中的氨基酸成分表　mg / （g · pro）

成分名称	含量 / 毫克	成分名称	含量 / 毫克	成分名称	含量 / 毫克
天冬氨酸	54.3 ~ 263	谷氨酸	41.7 ~ 181	亮氨酸	31.5 ~ 136.1
缬氨酸	9.5 ~ 49.4	赖氨酸	31.0 ~ 48.0	精氨酸	11.3 ~ 110.2
苯丙氨酸	2.6 ~ 19.9	丝氨酸	21.2 ~ 136.0	丙氨酸	9.4 ~ 43.4
异亮氨酸	15.8 ~ 68.0	酪氨酸	0.77 ~ 73.4	甘氨酸	7.9 ~ 98.9
苏氨酸	6.7 ~ 24.3	脯氨酸	5.6 ~ 74.0	胱氨酸	19.9 ~ 149.1

易于消化吸收。马铃薯中的蛋白质拥有相当高的营养价值，比牛奶、金枪鱼、全脂奶、小麦、玉米、大豆和菜豆蛋白好。有研究表明，把鸡蛋和马铃薯按 35 % 和 65 % 的比例混合，就可以提供维持人体氮平衡所需最低氮摄入。马铃薯蛋白质是全价蛋白质，包括 8 种必需氨基酸（赖氨酸、色氨酸、苏氨酸、苯丙氨酸、缬氨酸、亮氨酸、异亮氨酸、蛋氨酸）和 2 种半必需氨基酸（精氨酸和酪氨酸），其氨基酸含量如表 1–2–3 所示。除组氨酸外，马铃薯蛋白质比全麦蛋白所含必需氨基酸高。贮藏条件尤其是温度条件影响蛋白质的含量，马铃薯在室温贮藏与在 0 ℃、4.4 ℃、10 ℃ 相比，具有较高的氨基氮。随着贮藏时间的延长，总氮含量变化很小，但是单氮的结构发生了变化。马铃薯块茎中的贮藏蛋白约含 25 % 的球蛋白和 40 % 的糖蛋白，这两种蛋白均属重要生理活性物质，其在细胞生理活动中具有的特殊功能对人体疾病的研究具有极大的利用价值。按马铃薯鲜重计，每 100 g 生马铃薯、熟马铃薯、烤马铃薯中所含蛋白质量分别为 1.96 %、1.93 %、2.43 %。大鼠实验发现，饲喂马铃薯食物的大鼠，其增重和蛋白质功效比值较高，饲喂马铃薯食物的动物，其肝脏中脂肪含量较低。

4. 矿物质

马铃薯中富含铁元素和镁元素，并且还含有牛奶中缺乏的一些微量元素。马铃薯中铁的利用率比其他蔬菜高，补铁可预防贫血，所以烹制中要注意避免铁的损失。芬德和纳汀（1942）研究发现，不管何种烹调方式，铁损失只有 10 % 左右。高温处理时铁的损失取决于块茎分切类型和煮制介质。在烘烤马铃薯皮中存在大量铁。镁可以预防和克服膀胱结石形成及肾软组织钙化，还有研究表明，镁有助于治疗高血压和心脏不适。正常人每天排泄 0.2 g 左右镁，要保持体内镁物质含量的平衡，必须加以补充。在低镁膳食中主要以牛奶和奶制品为主，牛奶中的镁含量只有 12 mg / 100 mL，只有马铃薯中含镁量的 1 / 10 ~ 1 / 5。因此，牛奶和马铃薯相配最佳，因为牛奶可以提供钙，马铃薯可以提供镁。尽管马铃薯中的钙含量较低，但对钙代谢有益，因为其所含植酸的磷化合物极少。植酸在谷物中最常见，特别是全麦中。在磨粉过程中，植酸会丢失，因此白面中只有极少量的植酸。饮食中低钙时，植酸会受到特别的关注，因为其可被钙束缚或与之结合并排泄掉，浪费食物中的钙。因此，要更加重视饮食中诸如马铃薯之类食物与其他饮食组成的相对影响。马铃薯皮层含有 67 % ~ 80 % 的钙，从外部组织到内部组织，钙含量呈梯度变化，而镁分布比较均匀。

马铃薯富含钾元素。马铃薯中的纤维及植酸会影响锌的利用率。除此之外，马铃薯中还含有铜、铬、锰、硒和钼等元素。马铃薯中矿物

表 1-2-4　马铃薯矿物质含量（干重计）

元素种类	变化范围（g/kg）	元素种类	变化范围（mg/kg）
钾	13.9 ~ 36.8	锌	8.7 ~ 30.0
钙	0.1 ~ 3.8	铁	29.8 ~ 157
钠	0 ~ 3.5	铜	6.0 ~ 28
镁	0.4 ~ 2.2	锰	1.8 ~ 85
磷	0.4 ~ 6.1	硼	4.5 – 8.6
硫	0.4 ~ 4.2		
氯	0.4 ~ 8.0		
砷	0.35		
钴	0.065		
镍	0.26		
钼	0.26		
锂	痕量		

质含量如表 1-2-4 所示。马铃薯中矿物元素的含量因品种、栽培地区的影响存在较大差异。在贮藏期间马铃薯中的钙、铁、磷等矿物质的含量没有显著的变化。

5. 脂类

马铃薯中脂类的数量非常少，为鲜薯重的 0.02 % ~ 0.96 %。在马铃薯块茎中，脂肪集中分布在块茎的周皮中，维管束环处很少，而在髓的薄壁组织中更少。研究表明，马铃薯的脂肪含有 10 种脂肪酸，其中的油酸、亚油酸和亚麻酸等不饱和脂肪酸约占其全部脂肪酸的一半以上。在贮藏期间，马铃薯块茎仍进行脂肪的生物合成。马铃薯贮藏 5 个月后块茎中的脂类含量增加了 25 % ~ 30 %。所增加的脂肪酸主要有不饱和的亚麻酸，而棕榈酸和硬脂酸等饱和脂肪酸的含量则有所减少。煮、常规烘烤、微波烘烤会使马铃薯粗脂肪含量显著降低。微波烘烤的块茎损失最大，煮的块茎损失最小，常规烘烤块茎损失居中，煮制过程不会显著改变块茎脂肪酸。收获的块茎在完全黑暗的条件贮藏，单半乳糖甘油二酯、双半乳糖甘油二酯和甘油三酸酯变化很小，而光照处理会导致块茎表皮绿变，增加双半乳糖甘油二酯和甘油三酸酯的含量。生的马铃薯块茎中磷脂含量占总脂类的 52 %，其次是糖类脂（20 %）和甾醇酯（16 %）。主要的糖脂类有二半乳糖和单半乳糖甘油二酯。蒸汽煮制、制泥和脱水环节中，脂类损失约为 14.7 %，且损失的主要为磷脂。

马铃薯块茎的脂类中，萜烯类化合物具有重要的生理作用。这类化合物是由几个甲基丁二烯分子组成的，根据其分子中碳原子的数目可分为单萜烯（C_{10}）、倍半萜烯（C_{15}）、双萜烯（C_{20}）、三萜烯（C_{30}）、四萜烯（C_{40}）、多萜烯（C_{40} 以上）。

6. 有机酸

马铃薯块茎中有各种有机酸，其中柠檬酸的含量最多，约占干重的 0.79 %；其次是苹果酸，约占干重的 0.45 %；琥珀酸、草酰乙酸和其他有机酸含量虽然很少，但具有非常重要的生理功能。

7. 龙葵素（茄碱）

除氨基酸外，已从马铃薯中分离出许多非蛋白质含氮化合物，如龙葵素、黄嘌呤、次黄嘌呤、腺嘌呤、鸟嘌呤等。龙葵素作为总生物碱组分，在正常块茎中的存在量约为干重的 0.01 % ~ 0.10 %。薯皮中的龙葵素含量是薯肉的 2 倍以上，而且主要集中在芽眼附近。马铃薯在见光变绿和发芽时，块茎中的龙葵素含量会增加，食用 100 mg 左右龙葵素就会引起恶心、头疼、肠胃疼痛等症状。用辐照过的种薯种出来的马铃薯块茎，其龙葵素含量增加，但远低于对人有毒的水平。荧光照射后的马铃薯块茎，抑制了绿变和诱导性配糖生物碱合成，这种抑制效果随照射时间延长而降低，连续照射 240 小时后，抑制效果仍保持在 50 % 以上。低剂量的离子辐射（100Gy^{60}Co）也可降低马铃薯中龙葵素的含量，而且用散射光照射 2 周后贮藏在 8 ℃ 其含量保持在安全范围内，^{60}Co 伽马射线辐射处理的马铃薯萌芽后龙葵素总量增加。在马铃薯的贮藏过程中尽量防止机械损伤和日光照射，因为机械损伤和日光照射会使块茎中的龙葵素含量增加，致使块茎表皮绿变，从而影响食用品质。而对于种薯贮藏，实行晒种绿化，可以防止各种病原菌的侵染，提高贮藏的安全性。

8. 块茎营养成分检测方法

水分、淀粉、蛋白质、还原糖、维生素 C 及矿物元素等是马铃薯块茎成分的重要组成部分，直接影响着马铃薯的食用品质及加工品质。块茎成分的分析检测是研究马铃薯内在品质的必要手段，以下是对马铃薯块茎成分与品质常用的检测方法，见表 1-2-5 所示。

表 1-2-5　马铃薯营养成分与品质检测方法

指标	检测方法
水分	直接烘干法、近红外检测法、电位滴定法、微波水分测定法等
淀粉	均浆沉淀法、比重法、酶水解法、酸水解法、旋光法、折光仪法、碘显色法、铁氰化钾容量法、近红外检测法等
还原糖	直接滴定法、DNS（二硝基水杨酸法）比色法、折光仪法、苯酚硫酸法、高效液相色谱法（HPLC）、近红外检测法等
维生素 C	荧光法、氧化还原滴定法、2，6- 二氯靛酚滴定法、直接碘量法、紫外 – 可见分光光度法、高效液相色谱法、近红外检测法等
蛋白质	凯氏定氮法、双缩脲法、Bradford 法、Folin- 酚试剂法（Lowry 法）、Bicinchoninic Acid 法、燃烧法、近红外检测法等

钾、钙、钠、镁、锌、铁等矿物元素	紫外可见分光光度法、中子活化分析（NAA）、原子荧光谱法（AFS）、原子吸收法（AAS）、电感耦合等离子体 - 原子发射光谱法（ICP-OES）、全反射 X- 射线荧光分析（TXRF）、电感耦合等离子 - 体质谱法（ICP-MS）、近红外检测法等
脂肪	索氏抽提法、酸水解法、近红外检测法、气相色谱法等
纤维素	酸碱醇醚法、酸性洗涤干燥法、碘量法、比色法、近红外检测法等
龙葵素	紫外分光光度法（UV）、薄层色谱法（TLC）、高效液相色谱法（HPLC）、液相色谱 - 质谱联用法（LCMS）、基质辅助激光解析电离质谱分子成像技术（MALDI-MSI）等

块茎呼吸

马铃薯块茎在采收后虽然光合作用停止，但仍然是一个活的有机体，保持生命的基本生理功能。在贮藏、运输及销售过程中进行着旺盛的生命活动。马铃薯采后利用生长过程中积累的养分，在一系列酶的作用下，生物体通过呼吸代谢将复杂的有机体分解为简单的物质，同时释放维持生命的能量。呼吸的中间产物通过各种途径合成新的成分，完成马铃薯采后的生命过程。

呼吸的总反应式：$C_6H_{12}O_6 + 6O_2 \rightarrow 6CO_2 + 6H_2O + 674$ 千卡（能）。呼吸代谢的基本途径是：通过糖酵解（EMP 途径）将 1 分子六碳糖分解为 2 分子丙酮酸，在有氧条件下丙酮酸进入三羧酸循环（TCA 或柠檬酸循环），完成丙酮酸的氧化，分解为二氧化碳和水，即有氧呼吸，并通过电子传递链和氧化磷酸化，合成贮能 ATP，实现能量的代谢和传递。缺氧条件，丙酮酸被还原，发酵生成乙醇，即产生无氧呼吸。

1. 呼吸的基本参数

（1）呼吸强度

呼吸强度是指单位时间内单位重量块茎进行呼吸作用的二氧化碳的释放量，是定量呼吸作用强弱的参数，单位用每小时每千克马铃薯二氧化碳释放的毫升数或毫克数（$mgCO_2 / kg \cdot h$）。呼吸强度大，呼吸消耗大，散发呼吸热多。马铃薯的贮藏寿命与呼吸强度呈反比，呼吸强度越大，表明代谢越旺盛，营养物质消耗越快，散发呼吸热越多，不同温度下马铃薯的呼吸强度如表 1-2-6 所示。测定呼吸强度的常用方法主要有气流法、红外线气

表 1-2-6　不同温度下马铃薯的呼吸强度 [单位：$mgCO_2$ / (kg · h)]

贮藏温度 / ℃	4 ~ 5	10	15 ~ 16	20 ~ 21
呼吸强度	3 ~ 9	7 ~ 10	6 ~ 12	8 ~ 16

体分析法、气相色谱法等。

（2）呼吸热

马铃薯在进行呼吸作用时，消耗呼吸基质并释放能量，释放的能量供组织维持代谢活动，另一部分能量以热量的形式释放出来，这部分热量称为呼吸热，是指每释放 1 毫克二氧化碳产生的热量（卡），通常以 Btu（英国热量单位）表示。1 Btu = 252 cal = 1055.06 J。呼吸热的积累是马铃薯贮运环境温度升高的原因。

呼吸热的计算公式如下：

呼吸热（卡 / 千克 · 小时）= 呼吸强度 CO_2 毫克 / 千克 · 小时 × 2.55

（3）呼吸熵

呼吸熵是指同一时间二氧化碳的产生量和氧气的消耗量的摩尔比值。

$$RQ = \frac{CO_2\text{释放量}}{O_2\text{消耗量}}$$

当 RQ=1 时，呼吸底物为碳水化合物且完全被氧化，在马铃薯进行有氧呼吸时，消耗 1 mol 己糖分子，则吸入 6 mol CO_2，释放 6 mol CO_2，其呼吸系数为 1。当进行缺氧呼吸时，由于氧气供应不足或吸氧能力减退，RQ > 1，缺氧呼吸所占的比重越大，呼吸系数也越大。

RQ 值的大小与呼吸底物和呼吸状态（有氧呼吸、无氧呼吸）有关，还与贮藏温度有关。RQ 值越小，耗氧量越大，氧化时释放的能量越多。

（4）呼吸温度系数

在生理温度范围内，环境温度每升高 10 ℃，农产品呼吸强度所增加的倍数即为呼吸温度系数，以 Q10 表示，它反映了呼吸速率随温度变化的程度。

（5）呼吸调节率

在电子传递链上进行氧化磷酸化，当一个氧原子被吸附时，二磷酸腺苷（ADP）分子被无机磷（Pi）磷酸化形成高能三磷酸腺苷（ATP）的分子数，构成 P / O（ADP / O），即呼吸调节率。

（6）能荷的调节

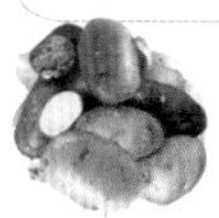

能荷的调节是指细胞中处于不同焓能状态的贮能物质 ATP、ADP、AMP 的相互比例，正常细胞通常处于 80 % 能荷状态，ADP 或 AMP 的过量会促进呼吸。

2. 呼吸的影响因素

品种差异、温度、气压、气体成分等因素都能影响马铃薯采后的呼吸作用。

（1）内部因素

品种差异和成熟度。不同品种的马铃薯呼吸强度存在差异，早熟品种呼吸强度大，中晚熟品种呼吸强度小。未成熟块茎和刚收获的块茎呼吸强度相对较高。

（2）外部因素

温度：温度对呼吸强度的影响较大，马铃薯的呼吸强度随温度增加而增加，低温抑制马铃薯块茎的呼吸强度，4 ℃贮藏的马铃薯块茎的呼吸强度小于 20 ℃、15 ℃和 10 ℃，但过低的温度反而会促进马铃薯块茎的呼吸（如温度低至 0 ℃时）。贮藏温度变化时呼吸强度也会发生变化，马铃薯从低温转到高温时，呼吸会短时间增加。

湿度：与温度相比，湿度对呼吸的影响较为次之。

机械损伤：马铃薯在收获及贮运过程中受到机械损伤后，伤口和创面破坏了细胞结构，加速了气体的扩散，也加速了酶与底物接触的机会，引起呼吸作用的加强。组织因受伤引起的呼吸强度不正常的增加称为“伤呼吸”。机械损伤对马铃薯呼吸强度的影响也因其品种和受伤程度的不同而不同。

气体：马铃薯贮藏设施中的空气组成成分可影响块茎的呼吸速率，适当降低呼吸的作用物（氧）和提高呼吸反应的产物（二氧化碳），可降低呼吸速率；一氧化氮处理马铃薯块茎可降低呼吸速率。

化学药剂：在马铃薯采收后及贮藏期间进行各种化学药剂处理，如青鲜素（MH）、氯苯胺灵（CIPC）α- 萘乙酸甲酯、α- 萘乙酸乙酯等药剂能够抑制马铃薯块茎芽生长，进而可以抑制块茎的呼吸强度。

3. 呼吸与马铃薯耐贮性和抗病性的关系

由于马铃薯块茎采收后仍是一个生命活体，具有抵抗不良环境和致病微生物的特性，才使其损耗减少，品质得以保持，贮藏期得以延长，这些特性被称为马铃薯的耐贮性和抗病性。耐贮性是在一定贮藏期内，马铃薯保持其原有的品质不发生明显不良变化的特性；抗病性是指产品抵抗致病微生物侵害的特性。生命消逝，新陈代谢停止，马铃薯的耐贮性和抗病性也就不复存在，说明马铃薯的耐贮性和抗病性依赖于生命。马铃薯采收后同化作用基本停止，呼吸作用成为新陈代谢的主导，它直接联系着其他各种生理生化过程，也影响和制约着产品的寿命、品质和抗病能力。正常的呼吸作用能为一切生命活动提供必需的能量，使各个环节和能量转移之间协调平衡，维持块茎及其生命活动的有序进行，保持其耐贮性和抗病性。然而呼吸旺盛会造成营养物质消耗加快、品质下降、产品寿命缩短，使耐贮性和抗病性下降。

呼吸与耐贮性和抗病性的关系还表现在，当马铃薯块茎受到微生物侵染、机械损伤或遇到不适宜的贮藏环境时，能通过激活氧化系统，加强呼吸而起到自卫作用，称为呼吸的保卫反应。呼吸的保卫反应有几个方面的作用：一是采后马铃薯块茎有伤口时很容易遭到病原菌的侵入，呼吸作用为块茎恢复和修补伤口提供合成新细胞所需要的能量和底物，加速愈伤，不利于病原菌感染。二是在抵抗寄生病原菌侵入和扩展的过程中，植物细胞壁加厚及过敏反应中植物素类物质的生成都需要加强呼吸，以提供新物质合成的能量和底物。三是腐生微生物侵害组织时，要分泌毒素，破坏寄主细胞的细胞壁并投入组织内部，作用于原生质，使细胞死亡后加以利用，呼吸作用有利于分解、破坏、削弱微生物分泌的毒素，从而抑制或终止侵染过程。

块茎休眠

马铃薯块茎在结束生长时，体内积累了大量的营养物质，原生质内部发生变化，新陈代谢明显降低，生长停止，进入相对静止的状态，这种现象称为休眠。通常把马铃薯块茎从收获开始直到块茎解除休眠开始发芽所经历的这段时间称为休眠期。马铃薯块茎进入休眠期后呼吸作用变得微弱，生理生化活动缓慢，自身养分消耗减少。对于马铃薯贮藏保鲜来说，马铃薯的休眠对保持其品质是非常有利的。休眠可

分为三个阶段。

第一阶段称为成熟期，即休眠初期（准备期），是块茎从生长到休眠的过渡阶段。休眠初期块茎表皮尚未完全木栓化，呼吸作用旺盛，块茎内的水分迅速向外蒸发，导致块茎重量显著减少。

第二阶段称为静止期或深度休眠期，这一时期块茎呼吸作用减弱，对养分的消耗减到最低程度。如果保持在适宜的温度条件下，块茎的休眠可以保持较长时间。

第三阶段称为休眠后期，也称为萌发期或贮藏晚期。此时块茎的休眠终止，呼吸作用又转旺盛，同时呼吸产生的热量积聚使贮藏温度升高，促使块茎迅速发芽。

1. 休眠的生理生化机制

马铃薯处于休眠期时会发生原生质和细胞壁分离，胞间连丝中断，原生质不能吸水膨胀。原生质膜上的类脂物质增多，对水的亲和能力下降，组织木栓化，使得保护组织加强，对气体的通透性下降。休眠期过后，原生质重新贴紧细胞壁，细胞间连丝恢复，原生质中疏水胶体减少，亲水胶体增加，使细胞内外的物质交换变得方便，对水和氧通透性增加。

植物体内的各种激素对植物的休眠现象起重要的调节作用。休眠一方面是由于器官缺乏促进生长的物质，另一方面是由于器官积累了抑制生长的物质。一定浓度的 ABA 和 GA 可以打破休眠，促进各种水解酶、呼吸酶的合成和活化，促进 RNA 合成，并且使各种代谢活动活跃起来，提高 γ－淀粉酶活性，为发芽做准备。ABA 和 GA 都是由异戊间二烯单位构成的，是由 3，5–二羟基–3–甲基戊酸在代谢中衍生而成，而且通过同样的代谢途径形成，因此这两种物质在生理上相互作用。内源激素的动态平衡是通过活化或抑制特定的蛋白质合成系统来起作用的，酶的作用反映了代谢活性并直接影响到呼吸作用，由此使整个机理的物质能量变化表现出特有的规律，实现休眠与生长之间的转变。

2. 休眠的相关指标

发芽率（%）：以块茎第一个芽长达 2 mm 为发芽标准。

$$\text{发芽率（\%）}=\frac{\text{发芽块茎数}}{\text{块茎总数}}\times 100$$

萌发期：块茎从收获到发芽率为 10 % 的时间（d）。

休眠期：块茎从收获到发芽率为 50 % 的时间（d）。

休眠强度：块茎从收获到发芽率为 90 % 的时间（d）。

休眠幅度：块茎发芽率从 10 % 到 90 % 的时间（d）。

3. 休眠的影响因素

（1）品种差异及成熟度

不同品种休眠期存在差异，晚熟品种休眠期短，早熟品种休眠期长。对于同一品种来说，幼嫩块茎的休眠期要比完全成熟的长，微型种薯比大种薯休眠期长。

（2）温度

低温贮藏可明显延长马铃薯的休眠期，所以长期贮藏的马铃薯一般在 3 ~ 5℃环境下贮藏可有效降低马铃薯的发芽率，延长休眠期。

（3）外源调控

如施用抑芽剂、辐照处理等使马铃薯块茎处于被迫休眠状态，从而延长休眠期。

（4）日照长短

块茎发育期间的日照长度对休眠期有影响，短日照地区生长的块茎休眠期比长日照下短，寒冷地区栽培的品种或秋作的马铃薯休眠期长。

块茎青化

马铃薯在采收后贮运过程中，因受光照、温度和自身条件等因素的影响，导致马铃薯表皮变绿（变青）的现象称为马铃薯青化。马铃薯青化发生原因主要是块茎内细胞叶绿体受光刺激发生光合作用引起的。马铃薯青化往往伴随着糖苷生物碱的生成，当糖苷生物碱浓度是正常马铃薯的 5 ~ 10 倍，即 15 ~ 20 mg / 100 g 时，烹调时会产生异味。

1. 块茎青化的影响因素

（1）品种

不同栽培品种马铃薯中叶绿素和糖苷生物碱含量有显著差异。

（2）成熟度

未完全成熟块茎中的糖苷生物碱的含量高于成熟块茎的。

（3）光照

在阳光下，马铃薯表皮中叶绿素的合成导致马铃薯变青，叶绿素的含量随光强度增加而增加。

（4）温度

高温会刺激糖苷生物碱的合

成。在低温贮藏过程中，马铃薯变青的速度较慢。

2. 青化防控措施

（1）防止日光直射薯块，应在黑暗的地方贮存。

（2）避免散射光和灯光照射。

（3）包装，打蜡，上油，脂肪酸盐、表面活性剂和各种化学试剂处理，低温贮藏，辐照。

低温伤害

当马铃薯块茎长期置于 1 ℃ 以下贮藏时，就会发生低温冷害和冻害。

1. 冷害

马铃薯长期贮藏在 −1 ～ 1 ℃ 条件下会发生冷害，使得块茎腐烂，导致种薯发芽势和发芽能力降低。不同品种、不同栽培条件的马铃薯块茎对冷害敏感性不同，症状取决于品种、温度和暴露时间。短期块茎上没有可见症状，但在过低温度下，由于酶解淀粉转化成糖，使得薯块变甜。温度越低甜度越高。几周之内糖含量可提高一倍以上，而正常的马铃薯块茎糖含量一般在 0.5 % 以下。通过将贮藏温度提高到 10 ～ 20 ℃ 可以明显改善糖化程度，大部分糖将再次转化为淀粉，但马铃薯块茎的糖含量仍高于在 10 ℃ 下贮藏的马铃薯块茎。

在收获、运输和贮藏期间，马铃薯块茎暴露在冰点左右的温度下，会导致表皮和皮下组织受害。块茎外部症状包括：表皮形成黑褐色、凹陷的小斑点或斑块。凹陷病斑下的块茎组织呈淡红褐色至暗褐色或黑褐色。如果种薯长期贮藏在过冷（温度过低）的条件下，会直接影响块茎芽眼处的生长点和马铃薯的发芽。

2. 冻害

马铃薯块茎的冰点在 −1 ℃ 左右，冰点温度与品种以及品种的起源有关。马铃薯块茎在冰点以下温度放置，会在细胞内形成冰晶体，造成伤害。冰晶在块茎内各个部位不是同时形成的，首先在维管束环内形成，然后在髓部，最后在块茎的其他部位。遭遇轻微冻害后，块茎内部只有维管束环和周围组织有明显的区别。块茎维管束环冰晶形成的主要原因是韧皮部比周围块茎组织对低温更敏感，导致韧皮部受害，细胞很快被杀死。当冻害严重时，受害组织呈蓝黑色网状坏死，这种症状主要表现在髓部。最后，在块茎的薯肉内形成界限不清楚的模糊的蓝灰或蓝黑色病斑。上述症状可能单独出现，也可能同时出现，也许还会有一些中间类型的症状出现。冰冻的块茎融化后会变软并且充满水，从受害的细胞中流出细胞液，并从表皮中渗出，使受害块茎变湿。把受冻块茎切开后，由充水的浅灰色切面变成红褐色至黑色。挤压切开的块茎时，水分从受冻块茎组织中渗出。由于水分的丧失导致块茎受害部分的表皮皱缩。当腐烂停止发展时，受害组织最后干燥。在受冻块茎上经常生长大量的白地霉。

预防措施：马铃薯无论作为种薯还是鲜食薯和加工原料薯，最好贮藏在不低于 2 ℃ 条件下。在贮藏过程中低温伤害往往发生在超冷空气进入贮藏库的位置，特别是机械制冷的贮藏库。因此要保证正确调试制冷机械，保证制冷机械的探头正常工作。从贮藏库中及时淘汰受冻的马铃薯，因为其很容易生成细菌软腐病和腐霉软腐病。

主要贮藏病害

1. 干腐病

干腐病是一种非常普遍的块茎病害，为田间感染，主要引起块茎腐烂，其损失大小取决于马铃薯在田间的生长状况以及块茎的品质、运输及贮藏条件。田间种薯萌芽出土期间，也可因种薯腐烂造成缺苗断垄，二季作地区秋种马铃薯发生较重（见图 1–2–2）。

（1）发病症状

马铃薯干腐病发病初期仅局部

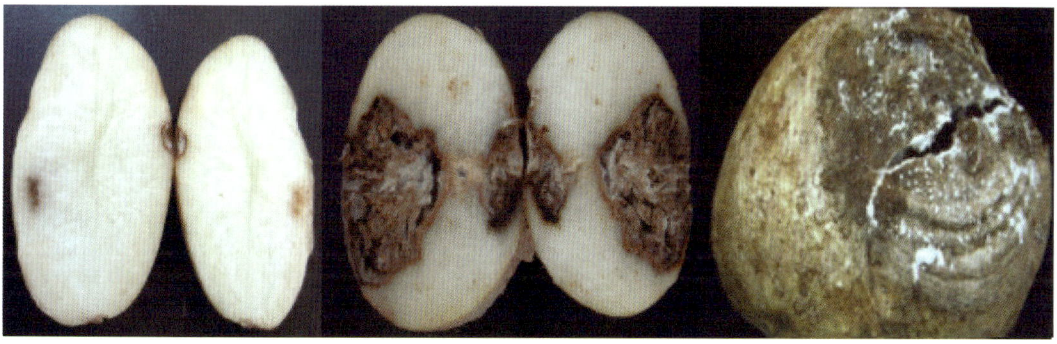

图 1–2–2　贮藏期间发生的马铃薯干腐病

变褐凹陷，扩大后病部出现很多皱褶，呈同心轮纹状，其上有时长出灰白色的绒状颗粒。开始时薯块表皮局部颜色发暗、变褐色，以后发病部略微凹陷，逐渐形成褶皱，呈同心环纹状皱缩。后期薯块内部变褐色，常呈空心，空腔内长满菌丝。最后薯肉变为灰褐色或深褐色，僵缩、干腐、变轻、变硬。剖开病薯可见空心，空腔内长满菌丝，薯内则变为深褐色或灰褐色，湿度大时发病处变红呈糊状。

（2）主要病原

干腐病的病原菌是镰刀菌属的多种真菌，在不同地区和不同条件下占优势的真菌种类不同，其中主要病原是茄病镰刀菌和接骨木镰刀菌，是半知菌亚门镰刀菌属土传性真菌以分生孢子或菌丝体在病残组织中越冬。最适侵染温度为 20 ~ 25 ℃，低于 2 ℃时不发生侵染。随着贮藏期的延长，发病率增加，温度、湿度较大时，薯块发病较重。

（3）发病原因

品种抗性差：不同品种对病害的易感程度有差别，其中早熟马铃薯品种较晚熟品种易发病。

栽培管理水平低：马铃薯生长期的栽培管理与干腐病的发生密切相关。良好的水肥管理可抑制干腐病菌的侵染，提高马铃薯的抗性。田间湿度过大、温度低、土壤通透性差时，马铃薯出苗延迟，易引起干腐病的发生。播种前，种薯经过拌种或晒种处理可减轻病害发生。

薯块贮藏条件不佳：马铃薯在收获或运输时，造成的人为创伤为干腐病菌的侵染提供了便利条件。贮藏时，库（窖）温度过高、通风条件差可增加干腐病的发病率。

（4）防控措施

播种期：选择无病、优质抗病品种的种薯。种薯切块后尽快播种。用杀菌剂处理芽块，减少侵染源，或整薯种植，避免切口增大病原菌的侵染率，降低病害的发生。选择适宜条件播种，土壤湿度大、气温较低时，应适当延迟播种。用未污染的器具运输、播种种薯。

生长期：要做好田间的水肥管理工作，雨后及时清沟、排水，且防止露水凝结于叶面，使田间湿度保持在较低水平。合理施用肥料，增施磷、钾肥，提高作物抗病性。及时拔除病株，避免病原菌大面积侵染。

收获期：避免收获、运输过程中薯块的相互碰撞、挤压等造成的伤害。为减轻马铃薯在贮运过程中发病，应选择马铃薯表皮韧性较强、皮层相对较厚时收获。选择在晴天收获，收获运输时轻拿轻放，降低病害的发生率。

贮藏期：做好库（窖）的除杂、通风工作，马铃薯入库（窖）前清除病、伤薯。贮藏早期适当提高温度，促进伤口愈合，之后控制库（窖）温度在 4 ± 1 ℃，降低病原菌的侵染率。

2. 软腐病

软腐病是马铃薯贮藏期的一种主要病害。该病主要危害茎和块茎，在贮藏期间或田间起薯前，块茎受软腐病侵染，常与干腐病复合发生，造成严重损失。种薯种植后腐烂会造成缺苗断垄（见图 1–2–3）。

（1）发病症状

马铃薯软腐病是由几种欧文氏菌单独或混合侵染，主要在生长后期危害叶、茎及块茎，贮藏期对薯块危害严重。叶染病后近地面老叶先发病，病部呈不规则暗褐色病斑，湿度大时腐烂。茎部染病多始于伤口，再向茎秆蔓延，后茎内髓组织腐烂，具恶臭，病茎上部枝叶萎蔫下垂，叶变黄，随病情发展病部以上枝叶萎蔫枯死。块茎染病多由皮层伤口引起，最初在表皮上显现水浸状小斑点，以后迅速扩大，并向内部扩展，呈现多水的软腐状，后薯块腐烂，发出恶臭。可同时被干腐病菌侵染，形成干腐状。

（2）病原菌

马铃薯软腐病的病原菌是细菌，有三种，分别为萝卜软腐欧文氏菌胡萝卜软腐致病变种、胡萝卜软腐欧文氏菌马铃薯黑胫亚种和菊欧氏菌。菌体直杆状，大小（1 ~ 3）×（0.5 ~ 1）（μm），单生，有时对生，革兰氏染色阴性，靠周生鞭毛运动，兼厌气性。氧化酶阴

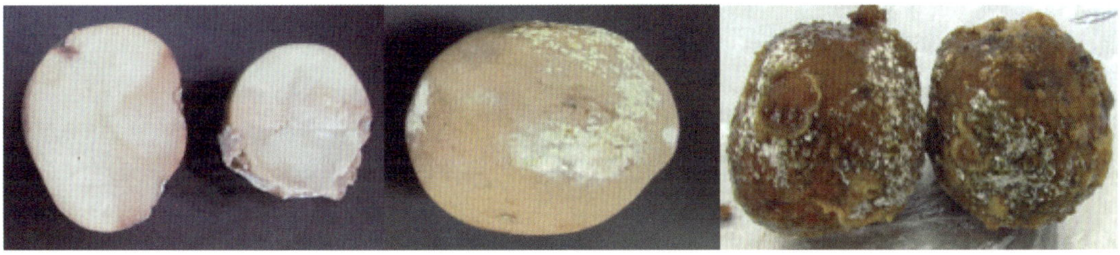

图 1–2–3　贮藏期间发生的马铃薯软腐病

性，接触酶阳性。三种细菌具有不同的地理分布，多数以胡萝卜软腐欧文氏菌胡萝卜软腐致病变种为主。

（3）传播途径和发病规律

马铃薯块茎软腐病的病原菌在病残体上或土壤中越冬，经伤口或自然裂口侵入，借助雨水或昆虫传播蔓延。

发病规律：带菌种薯是该菌远距离和季节间传播的重要来源。病原菌可在病残体上或土壤中越冬，在种薯发芽及植株生长过程中可经伤口、幼根或自然裂口侵入，从蔓内侵入新薯块，也借雨水飞溅或昆虫传播蔓延。在收获期间遇阴雨潮湿天气，入窖后又不注意薯堆内通风透气、散湿散热等，很容易引起软腐病的发生。贮窖温度在 5 ～ 30 ℃范围内均可发病，以 15 ～ 20 ℃为适宜条件，而 25 ～ 30 ℃的较高温度且伴以潮湿条件下，易于引起薯块腐烂。病原细菌潜伏在薯块的皮孔内及表皮上，遇高温、高湿、缺氧，尤其是薯块表面有薄膜水，薯块伤口愈合受阻，病原细菌即大量繁殖，在薯块薄壁细胞间隙中扩展，同时分泌果胶酶降解细胞中胶层，引起软腐。腐烂组织在冷凝水传播下侵染其他薯块，导致成堆腐烂。在 30 ℃以上时往往溢出多泡状黏稠液，腐烂中若温度、湿度不适宜则病斑干燥，扩展缓慢或停止，在有的品种上病斑外围常有一变褐环带。贮藏初期，薯块活力和呼吸能力较强，往往会因通风不良加重薯块的腐烂。

（4）防控措施

生长期：加强田间管理，注意通风透光和降低田间湿度，避免大水漫灌。增施钙肥和磷肥可增强薯块的抗病力。

收获期：轻拿轻放避免机械损伤，入库（窖）前清除病、伤薯。

贮藏期：做好库（窖）的除杂、通风工作，马铃薯入库（窖）前清除病、伤薯，贮藏早期适当提高温度，促进薯块伤口愈合，之后控制库（窖）温度在 4 ± 1 ℃，降低病原菌的侵染率。

马铃薯贮藏设施

贮藏是为减缓马铃薯块茎从收获到加工使用期间的生理活动，保持其良好的感官性状和内在品质，以延长马铃薯块茎休眠期、防止腐烂、抑制发芽等方面所采取的保存技术措施。安全贮藏对调节马铃薯的市场供应、延长加工期、保持种薯的质量等有重要意义。常见的马铃薯贮藏设施有贮藏库（包括自然通风贮藏库和机械强制通风贮藏库两种）、贮藏窖（井窖、窑窖、棚窖和模块化贮藏窖等）、恒温库和临时贮藏马铃薯的土沟等。

贮藏库

贮藏库主要建造在地势平坦、交通方便的地方。根据库体与地面的相对位置，可分为地上式、半地下式和地下式三种。根据有无强制通风系统，又可分为自然通风贮藏库和机械强制通风贮藏库两种（见图 1–3–1）。其中，半地下式贮藏库是指库内地面低于库外地平面的高度不超过库内净高度 1 / 3 的贮藏库，贮藏库地上部分要加保温层。在经济较发达的地方，库体采用砖混结构，库顶采用平顶或拱形顶。自然通风贮藏库主要依靠窗、门和通气孔，外连烟囱进行通风换气，通风量小，散热和除湿速度慢，马铃薯贮藏保鲜效果受季节性和设施保温性影响。机械强制通风贮藏库借助通风系统和风机等装置实现通风换气，通风量大，散热和除湿速度快，马铃薯贮藏保鲜效果较好，是一种比较理想的贮藏设施。贮藏库的大小根据贮藏量来确定，单库贮藏量一般在几百吨到千吨不等。贮藏库也可由多个小库组成库群，

图 1-3-1　马铃薯贮藏库（自然通风库和强制通风库）

呈“非”字形或半“非”字形分布。这种贮藏库的优点是坚固耐用，容量大，出入方便，便于检查，适于大量贮藏；缺点是库温受外界气温变化的影响大，尤其在北方严冬季节，如果管理不当，马铃薯容易发生低温损伤。

贮藏窖

窖藏是我国农户传统贮藏方式，主要为土窑窖，也有少数农户采用砖窑窖或地下室，其中土窑窖结构简单，造价低，保温性能较好，被广大农户普遍采用。根据贮藏窖的建造方式可分为井窖、窑窖、棚窖和采用新型材料建造的模块化贮藏窖等（见图 1–3–2）。

1. 井窖

我国北方地区多采用此种贮藏设施，一般选择地势高、地下水位低、土质坚实、排水良好、管理方便的地方建造。从地面向下挖一直径 0.7 ～ 1.0 m，深约 2.0 ～ 2.5 m 的窖筒，然后在筒壁下部一侧横向挖窖洞，高 1.0 ～ 1.5 m，宽 1.5 ～ 2.0 m，窖顶部呈拱形；贮藏量大也可在窖底向四周横挖 1 ～ 3 个窖洞，或将窖筒挖成罐型，直接贮藏马铃薯，贮藏量一般在 5 t 以下。贮藏窖的深浅和大小根据当地气候条件和贮藏量的多少而定。一般来讲，窖筒愈深，窖温受外界气温变化的影响愈小，窖温愈恒定。这类贮藏窖的优点是造价低，建造灵活机动，窖温受外界气温变化的影响小，窖温比较恒定。缺点是劳动强度大，结构简单，窖口狭小，出入不便，窖内通风不畅，自然冷源利用率低，温湿度可控性较差，不利于薯堆内部散热除湿，致使贮藏期马铃薯腐烂和发芽严重，其保鲜效果受环境温度影响较大，长期贮藏有的损失率达 20 % 以上。

2. 窑窖

这类贮藏窖在北方山区或丘陵地区比较多见，尤其是在西北地区比较普遍，一般选择在山坡、土丘或排水良好的地方。建造时先在山坡、土丘或平地上挖一横断面，然后根据土质挖成高 2.0 ~ 2.5 m、宽 2.0 ~ 2.5 m、长 6.0 ~ 15.0 m 的窑洞，或在窑洞的两侧再挖窑洞，窑洞的多少和大小根据贮藏量而定，贮藏量一般在 50 t 以下。经济条件允许的地方将窑顶用砖砌成拱形，增强窑的安全性。为了增强贮藏窖的保温性能，窑顶及周围的土层要

图 1-3-2 马铃薯贮藏窖（传统井窖、窑窖、新型地下砖窖和模块化组装贮藏窖）

达到一定的厚度。这种贮藏窖的优点是造价较低，结构简单，保温性好，贮藏量较大，小型车辆可以出入，便于马铃薯装卸和管理；缺点是通风效果差，窖温易受外界气温变化的影响，窖内温湿度不易控制，土质松软的窖安全性差。农户必须选择土质紧实、地下水位低、地势高易排洪、背风向阳、运输管理方便之处挖窖。

3. 棚窖

棚窖是一种简单的贮藏设施。选在地势高、干燥、排水良好、背风向阳的地方，走向以南北方向为宜。窖顶架设木杆，其上铺盖厚度 20 cm 左右的秫秸或玉米秸秆，最后培覆约 20 cm 厚的土层。窖顶和露出地面以上的窖墙上设通气孔，便于窖内通风。该设施建造简单，寿命短，自然条件要求适宜。

4. 模块化组装贮藏窖

模块化组装贮藏窖是以改性石墨烯聚苯乙烯泡沫（EPS）保温材料为主体，通过模块化设计进行组装建造，由甘肃省农业科学院农产品贮藏加工研究所联合相关公司共同研发而成。贮藏窖主体采用厚度 18 cm 以上的改性石墨烯聚苯乙烯泡沫保温材料，拼装完成后通过内外防水处理和包裹抗裂砂浆，使之成为一个整体。该贮藏窖为方形圆角穹顶结构或长方形拱顶结构，具有结构简单、建造成本低、建造速度快、保温效果好等特点。大小可以根据需求确定，可根据当地气候条件建成地上或半地下式，适合小农户建造。

除以上的贮藏方式外，一些地区也有土沟埋藏贮藏马铃薯的方式，贮藏方式多见于南北马铃薯产区临时贮藏，多在马铃薯收获地直接挖沟埋藏。一般沟宽 1 ～ 1.5 m，长度依贮藏量而定。北方挖沟较深，以防冻害，愈往南方贮藏沟深度愈浅，江淮一带沟深 30 ～ 50 cm 为宜，薯堆上下一般用玉米、小麦、水稻等农作物的干燥秸秆铺盖，保证良好的透气性，秸秆上再覆土保温。沟外四周须挖排水沟以防雨水侵入。

恒温贮藏库

用于鲜薯贮藏的恒温库主要是指高温冷藏库（−5 ～ 15 ℃），是一种现代化的贮藏设施（见图 1-3-

图 1-3-3　马铃薯恒温贮藏库

3），综合制冷系统、加热系统、通风系统、除霜系统以及自动化智能控制等技术对库内温湿度、空气循环进行调节。

1. 机械制冷恒温库

机械制冷恒温库是一种现代化的贮藏设施，借助机械制冷系统将库内的热吸收传送到库外，可以进行人工控制和调节库温，不受气候条件和生产季节所限，一年四季均可用于马铃薯贮藏。贮藏库设有温湿度传感器，可以在线监测库内外温湿度。科学的通风系统和设备可保证库内具有良好的通风效果。机械制冷恒温贮藏库的贮藏量可大可小，装运方便，而且可以一库多用，既可贮藏马铃薯，也可贮藏蔬菜、水果等大宗农产品，是一种较理想的贮藏设施，但建设该类型库投资大，仪器设备复杂，适于具有一定经济实力和资源充足的单位使用。

2. 智能恒温库

智能恒温库是指能够精准控制马铃薯贮藏环境温度、湿度、环境气体成分，并可实现可视化观测、远程化管理、自动化控制的马铃薯现代化贮藏设施。该设施不受气候条件和生产季节限制，配备了机械制冷和加热系统、温湿度控制系统、气体测控系统、通风及内循环系统、智能精准控制系统（远程可视化管理）、智能机械自动化装卸体系。在个人计算机或手机终端即可监测和调控库内温湿度，监测库内氧气和二氧化碳浓度，能自动进行防腐和抑制发芽等马铃薯贮藏保鲜技术的处理，实现马铃薯高品质贮藏。

贮藏环境调控

1. 通风

马铃薯块茎在贮藏期间要进行呼吸作用吸收氧气放出二氧化碳和水分。在通气良好的情况下，不会引起缺氧和二氧化碳的积累。如果通气不良，将引起二氧化碳积聚，进而引起块茎缺氧呼吸，这不仅使养分损耗增多，而且会因组织窒息而产生黑心块茎。良好的通风可以调节贮藏库内气体成分，通过引入外界新鲜空气降低薯堆内部的二氧化碳浓度，防止库（窖）内积累过高的二氧化碳，避免无氧呼吸和二氧化碳中毒的发生，二氧化碳浓度应小于 0.5 %。同时，良好的通风也有利于薯堆内部的热量散失，并保证有充分的氧气供薯块进行正常的呼吸，适当的通风还能够促进薯块表皮木栓化的形成。一般情况下，加工用马铃薯由于贮藏温度高，其呼吸作用强，若贮藏库内通气状况差，引起二氧化碳累积，会使马铃薯块茎产生黑心。如果种薯长期贮存在二氧化碳过多的库内，就会影响种薯活力，导致产量下降。良好的通风效果是建设马铃薯贮藏设施的关键要求。依据通风方式不同分为自然通风、强制通风和自然与强制通风相结合等形式。

自然通风指利用自然风压差和空气温差对贮藏库（窖）内部进行通风换气的方式，其受设施外部气象条件影响较大，虽然节能，但是通风效果差，难以人为控制。自然通风系统主要由进风口、排风管道、调风装置、出风口构成，只有通风管道，没有风机。设施内部地面不铺设通风管道，排风管道安装在与进风口相对的窖墙或顶部，并且直通库（窖）外。通风口的大小依库（窖）容量而定，外部通风管道离地面的距离可根据通风口的大小而定，高度一般为库（窖）高的 1 / 3 至 1 / 2 之间，多风严寒地区外伸通风管适当缩减。

机械强制通风指利用风机和通风管道向贮藏库（窖）内部送风或向外排风，强迫贮藏库（窖）内外空气流通的通风方式。强制通风受贮藏设施外部气象条件影响较小，但需要消耗一定能量，通风效果好，易于人为控制。强制通风系统主要由进风口、支通风管道、通风孔、主通风管道、出风口、调风装置和风机构成。库（窖）内通风管道安装方式多样，有“目”字、半“非”字、“I”和“U”及地面夹层等多种形式，可根据贮藏设施的规格尺寸和贮藏量大小及施工难易来选择适宜的排布形式。

通风系统设计一般要求：

大型贮藏库宜采用强制通风设计，小型贮藏库（窖）通风设计宜采用自然通风。当自然通风不能满足贮藏要求时，宜采用机械通风或二者相结合的通风方式；根据不同地域、不同季节的外界环境特征、贮藏库（窖）的结构类型、马铃薯贮藏方式来设计通风量及通风口类型、尺寸和位置，以及通风机类型、数量和布局。通风系统的设计要充分保证窖内贮藏马铃薯后每个点都要有一定的空气交换性能，不留死角，且其最大设计能力应保证贮藏库（窖）在拟使用期中最不利的外界条件下，库（窖）内温度、相对湿度及二氧化碳浓度满足贮藏要求。

通风量设计参考因素：

设计通风量时应综合考虑排出多余热量，维持贮藏库（窖）适宜贮藏温度的必要通风量；降低二氧化碳浓度至工艺要求的必要通风量；排除水汽，防止室内高湿度的必要通风量等多个因素取最大值。一般进风口设在库（窖）底部，排风口设在顶部，进风口和排风口在库（窖）内呈对角线布置，通风管道内的所有拐角处均应做成弧形。

（1）排出多余热量所需必要通风量可按下式计算：

$$L_h=\frac{Q_w+Q_m+Q_s}{C_p\times\rho\times\left(t_p-t_j\right)}$$

式中：

L_h——排除多余热量的通风量（m^3/h）；

Q_w——围护结构传热量（kW）；

Q_m——马铃薯一次入库带入热量及马铃薯呼吸热（kW）；

Q_s——设备产生的热量（kW）；

C_p——空气定压比热容，常温下可取 1.0 kJ / kg ·℃；

ρ——空气密度，常温下可取 1.2 kg/m^3；

t_p——排出贮藏库空气的温度（℃）；

t_j——进入贮藏库空气的温度（℃）。

（2）降低二氧化碳浓度至工

艺要求的必要通风量可按下式计算：

$$L_c = \frac{L_p}{1000 \times \rho \times (N_i - N_a)}$$

式中：

L_c——排除多余二氧化碳的通风量（$m^3/t \cdot h$）；

L_P——马铃薯1小时二氧化碳排出量（$mg/kg \cdot h$）；

ρ——二氧化碳密度（kg/m^3）；

N_i——室内二氧化碳设计浓度，上限值为0.3%；

N_a——户外空气中二氧化碳浓度，可取0.03%；如有实测资料，可按实测数据确定。

（3）排除水汽，防止室内高湿度的必要通风量可按下式计算：

$$L_w = \frac{1000\,W}{\rho \times (d_1 - d_2)}$$

式中：

L_w——排除水汽通风量（m^3/h）；

W——贮藏库（窖）内湿负荷（kg/h）；

ρ——空气密度（kg/m^3）；

d_1——进风含湿量（$kg/kg_{干空气}$）；

d_2——出风含湿量（$kg/kg_{干空气}$）。

自然通风系统设计要求：

（1）根据自然通风计算设置通风口面积，使设计通风量满足最大必要通风量要求。

（2）进风口宜置于迎风面，出风口宜置于背风面，且出风口应高于进风口；出风口应高于马铃薯堆或位于贮藏库顶部附近位置；尽量加大进风口与出风口之间的高差，进风口和出风口上应设置可启闭调节的风阀或窗扇，并采取安全可靠的防虫防鼠等措施。

机械通风系统设计要求：

（1）机械通风的通风量应根据设计计算确定，但最小通风量不宜低于35$m^3/t \cdot h$，最大通风量不宜高于135$m^3/t \cdot h$。

（2）机械通风应包括正压通风和负压通风，并应符合下列要求：

①正压通风系统进风口位置应低于出风口位置，以保证新鲜空气穿过薯堆。同时，机械通风系统的进风口与出风口之间的水平距离不应小于20 m，当水平距离不足20 m时，出风口高出进风口的垂直距离

不宜小于 6 m，以避免通风短路。

②负压通风系统出风量分配应符合下列要求：

A. 当马铃薯放散的显热能形成稳定上升的气流时，宜从房间上部区域排出。

B. 当马铃薯放散的二氧化碳较多，放散的显热不足以形成稳定上升的气流而沉积下部区域时，宜从下部区域排出总出风量的 2 / 3，上部区域排出总出风量的 1 / 3。

（3）架空地板情况下通风系统阻力可按下式计算：

$$H = H_p + H_d$$

式中：

H——通风系统总阻力（Pa）；

H_P——马铃薯堆阻力（Pa）；

H_d——风道系统阻力（Pa）。

（4）机械通风系统应设置自动控制系统，根据室内监测温度，按照预设值启闭风机。

（5）大型贮藏库宜设架空地板通风层或采用鱼鳞式地上通风道（见图 1-3-4）。

通风设备设置与选择：

（1）贮藏库的空调设备由回风段、新风调节段、新回风混合段、表冷段、加湿段、送风段、出风气楼及控制系统等组成。主风道与支风道连接处应设调节插板。

图 1-3-4　大型马铃薯贮藏库地面通风格栅或鱼鳞式地上通风道

（2）回风机风量及风压选择应符合库内正常通风状态下的各参数要求，回风量宜为总送风量的70 % ~ 85 %。

（3）通风机的选择宜考虑系统运行时的经济性，应对负载和系统阻力特性进行分析，使设计的运行工况点在通风机的高效工作区内。常见的风机类型主要有两类：离心风机、轴流风机。离心风机风量小、风压高、噪音大，通风时间短，单位能耗高，降温和除湿效果良好，适宜以降温和除湿为目的的通风。轴流风机风量大、风压低、噪音小，通风时间长，单位能耗低，降温效果良好，适宜以降温为目的的通风，不适宜以除湿为目的的通风。根据确定的通风方式和计算所得的理论风量，选择适宜的风机类型。风机风量的计算公式：所选风机的风量 = 计算所得的理论风量 × 校正系数（一般为 1.1 ~ 1.2）。如果选择送风式通风，那么两种类型的风机均可选用，但是以离心风机效果最好；如果选择排风式通风，那么选用轴流风机效果最好。

（4）当通风系统风量或阻力较大，采用单台通风机不能满足使用要求时，宜采用两台或两台以上同型号、同性能的通风机并联或串联安装，但其联合工况下的风量和风压应按通风机和管道的特性曲线确定；不同型号、不同性能的通风机不宜并联或串联安装；增压用风机宜选用轴流式风机，风量应能满足设计需要，风机静压宜为 150 ~ 300 Pa。

（5）地面支通风管道排布形式较多，常见的有“U”形、半“非”字、“目”字、地下通风夹层、地面可移动通风管等多种形式，可根据贮藏库（窖）的规格尺寸和贮藏量大小来设计。例如当贮藏窖的宽度在 3 m 以内，长度小于 15 m，且贮藏量较小时，支通风管道排布形式可采用“U”形，距离窖门 2 m 之内不安装支通风管道。两条支通风管之间的中心间距与薯堆高度有关，设计薯堆越高，支通风管的间距应越小，宜 2 米以内，长度一般不大于 14 米。

（6）通风道应采用不燃材料制作，由于环境湿度较高，宜优先采用耐锈蚀的风道材质；支通风管道可采用砖砌或预制风道且符合国标的 PVC 管和带有通风栅格的预制盖板共同构成；主通风管道要保证具有良好的气密性；通风道形式可采用地槽或地上波纹风管，宜对称布置、笔直通畅，必须弯曲时，应采用缓冲圆形拐角；通风道采用人工制冷空气通风时，应设置吊挂循环风机，保证库内空气均匀度；循环风机宜配有电加热器或热水盘管加热器；选择机械通风系统的空气加热器时，热负荷应采用冬季室外最冷月平均温度计算。

（7）严寒地区应设防冻地板采暖系统和大门空气热风幕系统，防止发生冻害。

2. 温度调节

温度是影响马铃薯采后呼吸代谢的首要因素。在一定温度范围内马铃薯呼吸强度随环境温度降低而减弱，降低贮藏温度会明显降低马铃薯的呼吸强度，降低体内一系列生理生化方面的变化，减少营养物质消耗，从而延长马铃薯的贮藏保鲜期。

贮藏温度是决定马铃薯贮藏时间和质量的主要影响因素。根据薯块在贮藏期间的生理、生化变化，不同用途的块茎对贮藏温度有不同的要求。鲜食用马铃薯最佳贮藏温度为 3 ～ 5 ℃；加工用原料薯短期贮藏以 10 ～ 12 ℃ 为宜，长期贮藏以 8 ～ 10 ℃ 为宜；对于薯条、薯片专用型马铃薯，在出库（窖）后应做回温处理,最适宜温度为 15 ℃，放置时间为 1 ～ 2 周；种薯贮藏要求较低温度，2 ～ 4 ℃ 贮藏温度可以保证种薯的种用质量。马铃薯长期贮藏在接近 0 ℃ 的条件下，就会抑制芽的萌发和生长，影响马铃薯休眠期的长短和芽的生长速度，使芽的生长势减弱，同时容易感染低温真菌病害，使薯块还原糖含量升高，影响加工品质。相反，如果贮藏温度高，会造成过早发芽或通过休眠后马铃薯发芽快且多，薯块会因失水而变软，薯块品质降低。

马铃薯收获后，适当的温度有利于薯皮木栓化的形成。刚收获的马铃薯尚处于后熟阶段，薯皮尚未充分木栓化，在薯块搬运、入窖过程中极易受伤破损。马铃薯在较高温度（15 ～ 20 ℃）下，伤口会迅速愈合，并形成木栓组织。因此，为了使薯块伤口在贮藏期间迅速愈合，必须把它放置在较高温度下进行木栓化，但是较长时间的高温高湿环境却有利于病菌的繁殖蔓延。

在不同的贮藏温度下，马铃薯的冻结时间也不相同。在 −1 ℃至 −3 ℃下 9 小时，马铃薯就会冻结；在 −5 ℃下 2 小时，马铃薯就会受冻，4 小时则全部冻透。种薯长期贮藏在 0 ℃，会使薯芽的萌发和生长受到抑制。马铃薯贮藏温度低于 3 ℃，将会导致薯块耐压差，糖分增加；高于 10 ℃，呼吸增加，易发芽，易染病。

贮藏温度不同，马铃薯的呼吸和失重也不同。4 ℃条件下贮藏马铃薯的呼吸量一直都保持比较低的水平，20 ℃时马铃薯呼吸量的水平也较低，但总体上高于 4 ℃时的呼吸量。在 33 ℃时贮藏马铃薯的贮藏初期呼吸量最高，达到 6 mg / kg · h，30 天后降低到 1 / 2 左右，70 天后降低到 1 / 3 左右，但是其呼吸量仍较 20 ℃时高出很多。贮藏温度较高使蒸腾作用加快，块茎失水而萎蔫。在 4 ℃条件下，100 天后的马铃薯只损失 2 % 的重量，远低于 33 ℃时的 10 % 幅度。

温度在很大程度上决定马铃薯的贮藏时间和贮藏质量，它不仅影响马铃薯休眠期的长短，而且还影响芽的生长速度。贮藏期间温度的控制，应根据整个贮藏期间外界的气温变化和窖内薯堆温度进行科学的管理。贮藏温度可根据外界不同季节具体温度变化来调节，如我国北方地区在贮藏前期和后期以通风降温除湿为主，在贮藏中期以保温防冻为主。

3. 湿度调节

适宜的贮藏湿度是减少马铃薯损耗、保持块茎新鲜的重要条件。贮藏库内湿度与马铃薯贮藏量、库内温度和通风条件等因素密切相关，为了减少贮藏期薯块重量损失，马铃薯贮藏期间需要保持适宜的库内湿度，薯块表面应保持干燥，同时还要避免水分大量损失。当库内湿度过大、温度波动时，会在库内顶部和四周墙壁上形成冷凝水，马铃薯块茎表皮呈潮湿状态，容易引起薯块早期发芽和形成须根，降低马铃薯的品质，同时促进病害的发生和蔓延，加速马铃薯的腐烂。相反，当库内湿度过低时会使块茎水分散失严重，重量损失过大，块茎变软、皱缩，干腐病易于发生。当贮藏温度在 2 ～ 4 ℃时，最佳湿度应控制在 85 % ～ 90 % 之间。

在利用自然通风或强制通风

的贮藏库内，主要是通过开关库门和通气孔的方法进行湿度调控，在北方地区则常采用覆盖物来调节湿度。马铃薯入库后，初期湿度较大，应采用强制通风降低湿度；当外界气温较低时，薯块最易受冻，此时应封闭所有库门窗和通气孔，并在薯堆顶部覆盖草帘或麻袋等，避免在薯堆表面产生冷凝水，同时吸收马铃薯堆内放出的潮气，起到保温防冻作用。在空气湿度较小的贮藏库内，应设置安装加湿设备或通过在地面洒水来增加湿度。

4. 二氧化碳调节

马铃薯块茎在贮藏期间要进行呼吸作用吸收氧气放出二氧化碳和水分。在通气良好的情况下，不会引起缺氧和二氧化碳的积累。如果通气不良，将引起二氧化碳积聚，从而引起块茎缺氧呼吸，这不仅使块茎养分损耗增多，还会因组织窒息而产生黑心，也会引起糖类尤其是蔗糖的增加，会对薯片或薯条的炸色产生影响。良好的通风可以调节贮藏库内气体成分，通过引入外界新鲜空气，降低薯堆内部的二氧化碳浓度，防止库（窖）内积累过高的二氧化碳，避免无氧呼吸和二氧化碳中毒的发生，二氧化碳浓度应小于 0.5 %。同时，良好的通风也有利于薯堆内部的热量散发，并保证有充分的氧气供薯块进行正常的呼吸，适当的通风还能够促进薯块表皮木栓化的形成。如果种薯长期贮存在二氧化碳过多的库内，就会影响种薯活力，导致产量下降。过高的二氧化碳浓度还会缩短马铃薯块茎的休眠期，因此马铃薯贮藏前期管理尤其要注意进行适量的通风。近年来，随着气体控制技术的成熟，研究者们重点进行了不同氧气与二氧化碳配比对马铃薯贮藏质量影响的试验，取得了阶段性的成果。研究发现适宜的低氧气高二氧化碳贮藏环境能够延缓马铃薯块茎在低温贮藏过程中还原糖含量的上升，而且能够保持良好的薯皮色泽，抑制膜脂过氧化，保护膜系统的相对完整性，延缓多酚氧化酶活力的升高，起到延缓马铃薯块茎衰老的作用。但当气调环境中的二氧化碳浓度超过一定范围时反而会引起还原糖的大量积累，可明显抑制块茎的发芽。

智能控制

甘肃省农业科学院农产品贮藏加工研究所研发的强制通风智能控制仪（见图 1–3–5）能够充分利用设施外部自然冷源对贮藏环境进行降温排湿与调节气体成分，即时监测设施内外温度，根据设定内外温差值参数，自动启停风机，进行强制通风换气，降低设施内部温湿度和二氧化碳浓度，并且设有低温保护功能和风机保护程序及风机故障报警装置。当设施外部温度低于 0 ℃，可立即停止通风，避免薯块发生冻害，有效提升马铃薯贮藏保鲜效果。

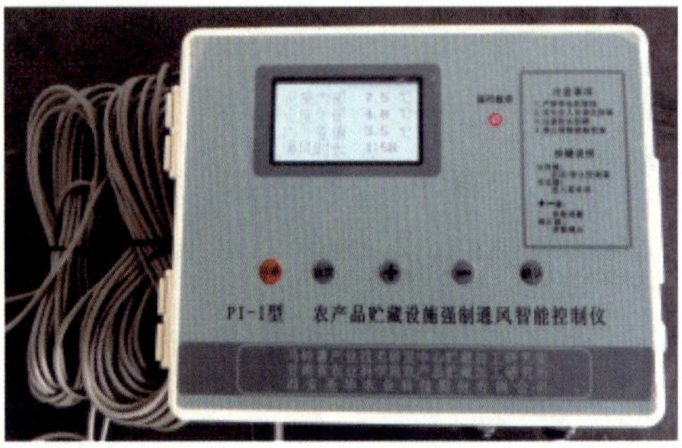

图 1–3–5 马铃薯贮藏设施强制通风智能控制仪

山西省农业科学院农产品贮藏保鲜研究所发明了一种马铃薯贮藏库通风控制装置及系统（见图 1–3–

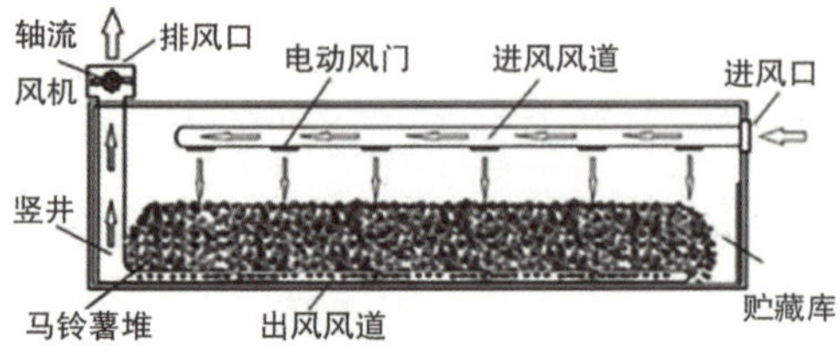

图 1–3–6 马铃薯贮藏库通风控制装置中通风装置的结构示意图

6），通过安装于马铃薯贮藏库中的通风风道、电动风门、温度传感器、二氧化碳传感器及加热组件，实现对贮藏库中不同位置环境状态的实时监测，并根据监测结果智能控制通风装置及加热组件，进行通风、控温，延长马铃薯贮藏时间，减少马铃薯贮藏损失。

随着科学技术的不断发展，由单片机、微型控制器、传感器、模拟数字转换器等组成的智能监测系统得以广泛应用。北方民族大学王福平等人设计了一套基于 STM32 单片机的马铃薯贮藏环境智能监测系统。如图 1–3–7 所示，该系统由电源，STM32 单片机，数据采集器（温湿度传感器、二氧化碳传感器），蜂鸣器加热、除湿装置以及串行接口通信模块等几个部分组成。农户可以通过上位机对现场数据进行监测，实现实时有效的远程控制。每一个终端节点负责执行上位机发送

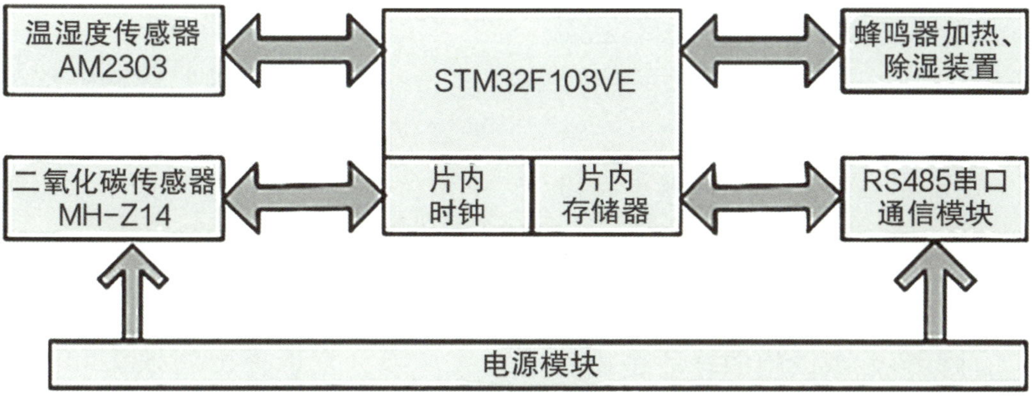

图 1-3-7　马铃薯贮藏环境智能监测系统设计示意图

的指令，对贮藏环境的温湿度以及二氧化碳浓度进行采集，并且通过485 通信总线将数据传输至 STM32 单片机中进行数据的存储及处理，实现了多数据采集、存储及通信，达到了对马铃薯贮藏环境进行实时监测和有效控制的目的。该团队还参与设计了基于 32 位无线 SOC ESP8266 以及增强型 51 单片机 STC15 的马铃薯贮藏室环境测控系统（见图 1-3-8），通过 Wi-Fi 构

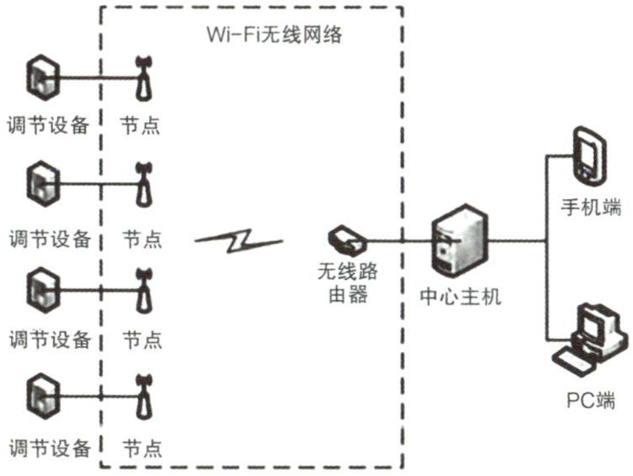

图 1-3-8　马铃薯贮藏室环境测控系统结构图

建的无线网络实现对贮藏环境各项参数的实时监测和实时控制，大大降低了马铃薯贮藏期间的损坏率；基于物联网的马铃薯贮藏环境监控

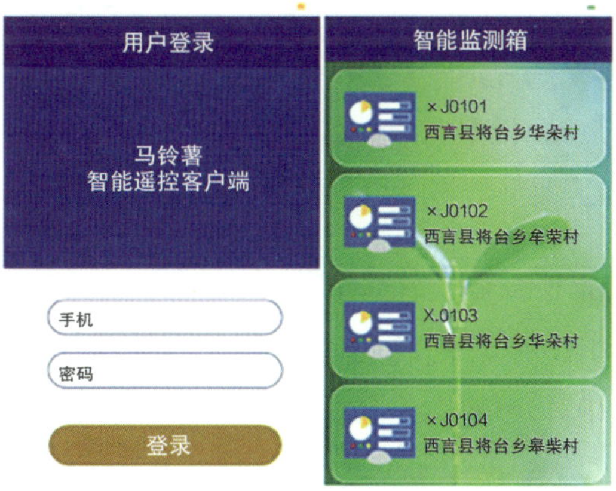

图 1-3-9　Android APP 端主界面

系统（见图 1-3-9），可以实时监测和控制马铃薯窖内的温度、湿度和二氧化碳浓度，通过 Android 手机 APP 或下位机控制箱控制窖内风机、加热器等设备。

贮藏设施建造工艺

1. 贮藏设施选址

选址是指在马铃薯贮藏窖建设之前对建设地址进行考察和决策的过程。

马铃薯贮藏设施的选址是建造过程中的重要环节，如在地下水位高处建设，容易造成设施内湿度大，甚至出水；如果贮藏设施顶部覆土层小于当地冻土层，那么薯堆上部空间温度较低，设施顶产生的凝结水会使薯块表皮变湿，上部薯块易受冻，湿度大会导致薯块腐烂加重。因此贮藏设施选址要具备以下条件：

（1）选址应符合当地土地利用总体规划和城乡规划，因地制宜，合理布局，提高土地利用率。

（2）宜选择交通便利、地势平缓、土层深厚、排水条件好、地下水位较低（尽量建在地下水位距地面 6 m 以下的地方）且基础设施和农技服务体系比较完善的地区。

（3）宜选择田间地头和村前屋后无污染源的闲置土地。

（4）根据贮藏设施规模及运输方式，合理确定贮藏设施出入口位置及装卸场地尺寸。

2. 贮藏设施建筑构造基本要求

（1）马铃薯贮藏库（窖）热工设计

围护结构的热工设计应根据工艺专业提供的库内环境技术条件及建设地点气候条件综合确定。

贮藏窖围护结构传热系数宜符合表 1–3–1 的规定。

表 1–3–1　贮藏窖围护结构传热系数

地区	外墙 (W / m^2 · K)	屋面 (W / m^2 · K)
严寒地区	≤ 0.39	≤ 0.31
寒冷地区	≤ 0.79	≤ 0.63

表 1–3–2　大型贮藏库围护结构传热系数

平均年最低温度（℃）	外墙 (W / m^2 · K)	屋面 (W / m^2 · K)
≥ –12.2	≤ 0.40	≤ 0.26
–23.4 ~ –12.2	< 0.40	≤ 0.23
≤ –23.4	≤ 0.29	≤ 0.17

墙面和顶部保温根据设施大小可采用覆土、加草黏土及应用现代保温材料等形式。

大型贮藏库围护结构传热系数宜符合表 1–3–2 的规定。

大型贮藏库地面应采用保温地面，保证地面热阻大于 1.72 $m^2 \cdot K/W$。

屋面做法应符合现行国家标准《屋面工程技术规范》GB 50345 的有关规定，屋面防水等级不应低于 III 级。

（2）贮藏设施墙体

墙体材料可根据当地建材实际情况选择，但应满足结构设计要求，采用防结露无污染材料等外保温措施。

（3）地面

贮藏窖地面宜采用夯实土地面。

贮藏库地面设计应符合现行国家标准《建筑地面设计规范》GB50037 的有关规定。

（4）出入门

门的位置与数量应根据贮藏量和工艺要求合理确定。

严寒地区、寒冷地区贮藏库（窖）对外出入口应设门斗缓冲间。

窗的位置与数量应根据通风要求合理确定，窗应有遮光功能，北方地区宜减少窗的数量，设置防鼠网。

门窗保温隔热性能应与墙体热工性能相匹配，热阻不宜小于 1.0 $m^2 \cdot K/W$。

（5）散水、台阶、坡道、雨篷

贮藏设施外墙四周应设混凝土散水，散水坡度宜为 3 % ~ 5 %。当屋面采用无组织排水时，散水宽度应宽出檐口线 0.2 m 以上。混凝土散水应设置伸缩缝，间距不宜大于 12 m；散水与外墙之间宜设宽 20 ~ 30 mm 的缝，缝内嵌柔性防水材料。

贮藏量小于 20 t 的设施可采用台阶设置，台阶宽度不应小于 240 mm，高度不应大于 200 mm。

贮藏量为 20 t 及以上的设施宜采用坡道设置，且宜采用混凝土坡道，混凝土面层厚度及垫层材料应满足运输机械通行强度要求，坡度应小于 1 ∶ 6。

贮藏设施对外出入口应设有雨篷。

（6）通风道及出屋面通风口

地面通风道的底面应设混凝土

垫层。

砖砌拱顶上应预埋垂直通风管或预留通风口。

出屋面通风口，屋面防水层上翻高度应大于 250 mm，且与通风口紧密连接，出屋面通风道应设有防风防雨装置。

3. 贮藏设施建造方案设计

为了规范建设，使施工有据，减少盲目性，必须要由具有设计资质的建筑设计单位设计规范、科学、合理、安全的施工图。马铃薯贮藏设施大小可按下式计算：

$$V = RQ / \rho$$

式中：

V ——马铃薯贮藏设施大小（m^3）；

R ——设施容量与贮藏马铃薯容积比值，一般为 1.5 左右；

Q ——马铃薯贮藏量（kg）；

ρ ——马铃薯体积密度（kg / m^3），一般为 650 ～ 750 kg / m^3。

贮藏窖适宜于严寒和寒冷地区，贮藏库适宜于寒冷地区。贮藏库应符合现行国家标准《建筑设计防火规范》GB 50016 戊类仓库的有关规定。

建筑平面布局及建筑高度应符合下列要求：

（1）跨度、高度、柱距及构件尺寸等应符合现行国家标准《建筑模数协调标准》GB / T 50002 的有关规定。

（2）单跨窖平面应为矩形，跨度 3 ～ 6 m，长度不宜超过 30 m；平屋面时，净高应大于 2.5 m；拱屋面时，肩高应大于 1.5 m，起弧弧度由结构计算后确定；采用“非”字形窖时，中间为走道，走道两侧为单跨窖，窖口面向走道，走道宽度不宜小于 4 m。

（3）贮藏库平面宜为矩形，净高应大于 3 m。其中，大型贮藏库净高宜大于 6 m，平面宜采用“非”字形布局，走道宽度宜大于 6 m。

贮藏窖建造设计：

贮藏窖建造方式分为掏挖式和开挖式两类。掏挖式窑洞是在山区利用当地的地形条件，选择土层深厚的原生质黏土进行建造，洞顶土层厚度要达到 5 m 以上，这类窖以小型窖为主，如 10 t 贮藏窖。开挖式窑窖在平原或丘陵地区较为常见，窑窖类型通常为地下式或半地下式。如原农业部实施的农产品产

图 1-3-10　钢筋混凝土结构贮藏库实景

地初加工补助政策，建造马铃薯贮藏窖以可容纳 10 t、20 t 和 60 t 为标准建设。如果要建造开挖式窑窖，那么窖体必须采用砖混结构，窖顶采用砖砌的拱形顶，或混凝土现浇，也可采用预制盖板建成方形。一般砖砌的拱形顶较好，具有较好吸收窖顶产生的凝结水作用。窖顶外面用覆土保温，厚度根据当地冻土层厚度而定，覆土层厚度要大于当地冻土层厚度，降低外界环境温度对窖内温度的影响，也可采用现代保温材料处理窖顶，但造价较高。

钢筋混凝土贮藏库：

钢筋混凝土贮藏库应符合现行国家标准《混凝土结构设计规范》GB 50010 的有关规定。以钢筋和混凝土为主要建筑材料建设的马铃薯贮藏库，结构稳定，结实耐用，贮藏量大，使用期长，可根据需要科学设计。如图 1-3-10。

钢结构贮藏库：

钢结构贮藏库应符合现行国家标准《钢结构设计规范》GB 50017 的有关规定。以型钢和现代保温材料为主建设的马铃薯库，其建设速度快，用工少，耐久性长，保温性能好，贮藏量大，主要适用于马铃薯全粉、薯条薯片等加工企业，其管理智能化、自动化程度高。如图 1-3-11。

4. 贮藏设施结构设计

马铃薯贮藏库（窖）结构设计，应根据使用条件、贮藏马铃薯用途、

图 1-3-11　钢结构贮藏库内外实景

贮藏量、经济条件、建设速度要求、使用年限、后期管理成本、材料取得及施工条件等因素确定，合理选择结构方案，在规定的设计使用年限内满足施工和正常使用的结构强度、刚度及稳定性、耐久性要求。结构设计应符合抗震、砌体、钢结构、地基设计规范的要求。

荷载和荷载效应计算：

荷载可分为永久性荷载（包括结构自重、覆土和土压力）、可变荷载（包括屋面活荷载、马铃薯堆积荷载、风荷载、雪荷载和地面附加荷载）和地震作用。马铃薯荷载对库（窖）壁的作用力包括作用于库（窖）壁的水平压力、竖向摩擦力。当未确定贮藏方式时，马铃薯荷载应按照对结构产生最不利作用的贮藏方式产生的作用力计算。

（1）散堆马铃薯对库（窖）壁的压力标准值应按下列规定计算：

计算深度 S 处马铃薯作用于库（窖）壁单位面积上的水平压力标准值按下式计算：

$$P_h = k\gamma s$$

（2）散堆马铃薯对地面的垂直压力标准值可按下式计算：

$$P_v = \gamma s$$

（3）计算深度 S 处马铃薯作用于单位面积上的竖向摩擦力标准值按下式计算：

$$P_f = ks\gamma \tan\delta$$

（4）马铃薯侧压力系数 k 值，可按下式计算：

$$k=\frac{\cos^2\varphi}{\cos\delta\left(1+\sqrt{\dfrac{\sin(\varphi+\delta)\sin\varphi}{\cos\delta}}\right)^2}$$

式中：

P_h——马铃薯作用于库（窖）壁单位面积上的水平压力标准值

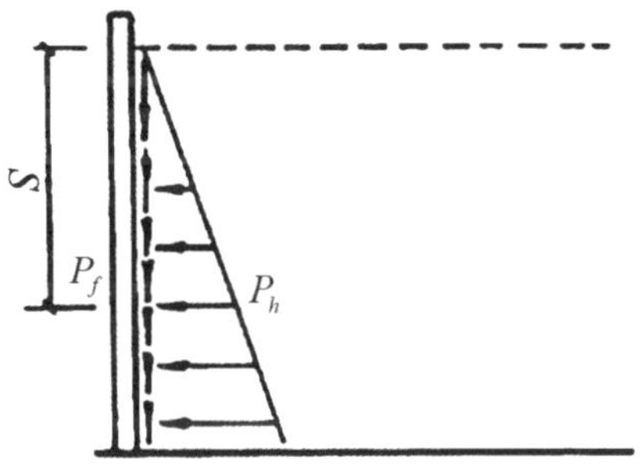

图 1-3-12 库（窖）壁受马铃薯作用计算示意图

（kN / m^2）；

P_f——马铃薯作用于库（窖）壁单位面积上的竖向摩擦力标准值（kN / m^2）；

k——马铃薯侧压力系数；

S——马铃薯顶面至所计算截面的距离（m）（见图 1-3-12）；

γ——马铃薯重力密度（kN / m^3）；

δ——马铃薯对墙体的外摩擦角（°）；

φ——马铃薯堆内摩擦角(°)。

注：计算水平压力时，k 值计算不考虑马铃薯对库（窖）壁的外摩擦角；地基承载力计算及地基变形验算时，应根据具体情况确定是否考虑马铃薯库（窖）壁的侧压力及摩擦力。

单层贮藏库库房堆货高度达 4.5 m 时，地面均布活荷载标准值可采用 25 kN / m^2。设备置于设备平台时，设备荷载应按实际重量考虑，无设备资料时，设备平台均布活荷载标准值可按 8 kN / m^2。

（5）荷载效应组合

地下或半地下贮藏窖应考虑空窖、满窖及单侧回填时与其他各种荷载的不利组合。

贮藏库（窖）楼面和地面结构分布和荷载标准值及准永久值系数应根据用途按表 1-3-3 的规定采用。

各种荷载取值，除符合本规范规定外，其余均应符合现行国家标准《建筑结构荷载规范》GB 50009 和《建筑抗震设计规范》GB 50011 的有关规定。

材料选用：

贮藏库（窖）钢筋混凝土材料应符合现行国家标准《混凝土结构设计规范》GB 50010 的有关规定。

表 1-3-3　贮藏库（窖）楼面和地面结构分布和荷载标准值及准永久值系数

序号	部位	标准值（kN / m²）	准永久值系数
1	地面	15	0.8
2	运货坡道	15	0.8
3	楼梯间	3.5	0.3
4	操作平台	3.5	0.3

砌体材料应符合环保砖强度等级，不应低于 MU10，水泥砂浆强度等级不应低于 M7.5；石材强度等级不应低于 MU20，水泥砂浆强度等级不应低于 M7.5；钢结构应符合现行国家标准《钢结构设计规范》GB 50017 的有关规定；采用现行国家标准《碳素结构钢》GB / T 700 规定的 Q235 钢和《低合金高强度结构钢》GB / T 1591 规定的 Q345 钢；门式钢架、焊接的檩条、墙梁等构件宜采用 Q235B 或 Q345A 及以上等级的钢；非焊接的檩条和墙梁等构件可采用 Q235A（B）钢；基础混凝土强度等级应垫层不应低于 C15；基础不应低于 C20；基础材料应符合现行国家标准《建筑地基基础设计规范》GB 50007 的有关规定。

3. 贮藏设施内部电器

贮藏设施内部电器主要有防潮照明设施、卸载搬运用电、通风系统、智能管理系统、制冷和加热系统、电闸门等用电设施。用电设备、线路应采取防尘、防潮、防鼠害及防人身伤害的保护措施。贮藏库（窖）应设置独立配电箱，内地坪不宜敷设电气管线。贮藏库（窖）内管线应采用阻燃铜芯绝缘导线穿 PVC 管敷设，根据用电负荷足额设计用电线。贮藏库（窖）内灯具宜均匀布置，平均照度宜为 50 lx；不宜使用卤钨灯等高温光源，灯具应采用防潮型；安装高度为 2.4 m 及以下的灯具其金属外壳均应接 PE 保护线。贮藏库（窖）内可采用建筑物结构钢筋构成防雷系统。大型贮藏库应配有监测温度、湿度和二氧化碳浓度的设备以及自动控制系统。

马铃薯贮藏保鲜技术

马铃薯不同于其他粮食作物，对贮藏条件的要求更为严格。马铃薯的收获器官为鲜活多汁的块茎，水分含量高，对环境非常敏感，温度低时容易造成冻伤，冻伤后品质下降，不易保存；温度高时容易发芽，发芽的马铃薯会产生毒素，影响人体健康。空气干燥时，水分蒸发快，会增加薯块的失水损耗；空气潮湿、温度不均匀的情况下，又容易产生冷凝水，造成大量薯块腐烂。因此，必须通过调节贮藏环境的温度、湿度和通风状况来防止块茎腐烂、发芽及病害的发生、蔓延，防止贮藏块茎非正常失水，尽量减少贮藏期间块茎中水分的损耗，保持马铃薯的优良品质。

收获后的马铃薯块茎，既是营养物质的贮存器官，又是延续后代的繁殖器官。贮藏马铃薯的目的是要保证食用、加工和种用品质，有计划、均衡地供应商品薯和种薯。马铃薯贮藏可以代替持续性的生产，延长鲜薯的供应时间，还能降低过量供应的高峰和弥补短缺的低谷，帮助调节马铃薯的市场供应并稳定价格，减少过多的价格波动以促进消费。

预处理与贮藏方式

1. 预处理

（1）挑拣与分级

挑拣就是剔除病、烂、伤薯等不合格薯，严防病、烂、伤薯混入合格薯中引起贮藏后发生烂窖。若要使贮藏期间马铃薯块茎的腐烂减少，装前必须仔细挑拣。块茎贮藏前必须做到“六不要”：薯块带病

不要，带泥不要，有损伤不要，有裂皮不要，发青不要，受冻不要。

根据市场的不同需求、不同用途以及马铃薯分级标准要求，对收获后的马铃薯要进行分级处理。这样操作一是可以提高马铃薯的经济效益，二是便于区分、贮藏和运输。马铃薯块茎大小不同，对病害侵染的抵抗力不同，通过分级，把不同级别的马铃薯分开贮存，便可减轻病害的传播。

（2）预贮及预冷处理

马铃薯收获后，还未充分成熟，块茎的表皮尚未充分木栓化而增厚，收获时的创伤尚未完全愈合，新收获的块茎、伤薯呼吸强度还非常旺盛，会释放出大量的二氧化碳和热量，多余的水分尚未散失，致使块茎湿度大、温度高，如立即入窖贮藏，块茎散发出的热量会使薯堆发热，易发生病害造成烂薯。可见新采收的马铃薯必须经过预贮阶段。

预贮是为了促进薯块伤口的愈合，加速其木栓层的形成，提高薯块的耐贮性和抗病菌能力。预贮的方法是将挑拣合格的马铃薯置于阴凉、通风的场所堆放贮藏，薯堆不宜太厚，一般在 0.5 ~ 0.8 m，宽不超过 2 m，上面应用苇席或草帘覆盖遮光。预贮的适宜温度为 10 ~ 18 ℃，空气相对湿度为 80 % ~ 90 % 之间，预贮时间一般为 5 ~ 7 天，可根据空气的干燥程度适当缩短预贮时间。夏收马铃薯正遇六、七月份高温，如果没有恒温库贮藏条件，一般无法达到上述预贮温度，夏收后可先摊放在避光通风处 2 ~ 4 天，然后再入窖堆放或装袋贮藏。

预冷是为了迅速除去薯块表面的田间带热和呼吸热，冷却到适宜贮藏的低温状态。预冷处理有两种方法：自然预冷法和人工预冷法。自然预冷法是指将马铃薯用网袋包装，利用夜间低温、冷风来除去马铃薯的田间热。自然预冷需时较长，且不易达到适贮温度，所以有条件的地方建议进行人工快速预冷。人工预冷法最常用的为冷库预冷和强制冷风预冷。冷库预冷利用冷库风机强制空气循环流经薯块周围，带走热量，使之冷却。强制冷风预冷又称为压差预冷，将马铃薯装堆成两堵封闭的“隔墙”，中间留一定空间作降压区，密封除通气孔以外的一切气路，用风机向外抽风，造成内外压力差，强制冷空气流动，达到预冷效果，预冷速度不宜过快。

（3）设施处理

在马铃薯采收之前，需要对马铃薯贮藏设施做以下工作。

清杂：在马铃薯贮藏前一个月要将窖内杂物、垃圾清理，彻底清扫库（窖）内卫生环境。

制湿：西北地区比较干燥，在马铃薯贮藏前1个月左右，用水浇窖，严格控制用水量，浇水深度不超过10 cm，控制相对湿度为85 % ~ 95 %。

通气：在马铃薯入窖前10 ~ 15天要将贮藏窖的门、窗、通风孔全部打开，充分通风换气。

控温：在马铃薯入窖时，通过启闭库门和利用昼夜温度与窖内温差进行强制通风，将贮藏窖温度调至适宜贮藏的温度。

消毒：在马铃薯贮前2周左右时将窖内清扫干净，进行消毒处理，消毒药剂和方法较多，可选择如下其一：

①用点燃的硫黄粉（8 ~ 12 g / m^3）进行熏蒸。

②用二氧化氯进行熏蒸（按药剂说明使用）。

③种薯可用瑞毒霉、多菌灵、百菌清、甲霜灵锰锌均匀喷洒窖壁四周，并用石灰水喷洒地面。

④用2 % ~ 4 %的福尔马林50倍液体均匀喷洒窖壁四周。消毒液喷洒要均匀，不留死角，消毒或熏蒸后密封2天，然后打开窖门和通气孔通风2天以上再贮藏薯块。

2. 贮藏方式

马铃薯贮藏方式常用的有三类：散堆贮藏、硬箱包装贮藏和袋装贮藏。三者各有利弊，应根据实际情况选择。散堆贮藏其贮藏量相对较大，易于在贮藏期间进行防腐处理，管理过程也方便；硬箱包装包括竹木条箱、塑料箱等，码放高度较高，贮藏量大，管理、搬运方便；袋装贮藏其贮藏量相对少，搬运方便，但贮藏过程管理分拣对马铃薯造成的损伤多。农户贮藏窖较小，一般采用散堆贮藏和袋装贮藏。

（1）散堆贮藏

农户贮藏窖中马铃薯堆放的高度不宜超过贮藏窖高度的2 / 3，并且堆放高度控制在1.2 m以内为宜。干燥而健康的马铃薯，贮藏在通风条件较好的窖内时堆放高度可达

2 m 以上。但是堆放过高，下层薯块所承受的压力大，导致下层薯块被压伤，上层薯块也会因为薯堆呼吸热而发生严重的“出汗”现象，从而导致块茎大量发芽和腐烂，上层薯块也可能由于距离窖顶过近而易受冻。侧边用板条、秸秆等透气物隔挡以增加贮藏容量，通常以通气、不漏薯为宜。堆放时的要求：轻装轻放，以防摔伤，由里向外，依次堆放。

（2）袋装贮藏

目前，马铃薯贮藏常用软袋包装，包装袋有网袋、编织袋、麻袋等。将经过预处理后的马铃薯装入孔小于 10 mm 的编织网袋，35 ~ 40 Kg / 袋，采用袋装垛藏，最高层数为 8 层 / 垛，宽是“双 2 – 4”码或者“双 3 – 7”码并垛，大型库垛长一般是 8 ~ 10 m，垛与垛相距 0.8 ~ 1.0 m，这样便于定期观察，在倒翻薯垛时也很方便，省时省工，出库方便。垛码过厚会导致垛内通风不良，薯块热量散失困难，易造成薯块发芽或腐烂。马铃薯入库时应注意将出库最晚的马铃薯放在最里面，以此类推。

马铃薯的贮藏量不得超过窖容量的 65%。贮藏量过多过厚，会造成贮藏初期不易散热，中期上层块茎距离窖顶、窖门过近又容易受冻，后期下部块茎更易发芽，同时也会造成堆温和窖温不一致，难于调节窖温。据试验，每立方米的块茎重量一般为 650 ~ 750 Kg，只要测出窖的容积（m^3），就可算出贮藏量。

计算方法：适宜的贮藏量（Kg）= 窖容积 × 700 × 0.65。

（3）箱装贮藏

箱装贮藏优于堆藏，灵活性是箱装贮藏的一大优点。箱装适宜种薯分类贮藏，易于贮藏管理中的防腐处理，搬运方便，互不挤压，适合机械恒温库贮藏。另外，箱装贮藏更能体现物流和品质方面的优越性。箱装贮藏的另一优点是，库房建筑可采用工业建筑，因为其对墙体的侧压为零。一般常用的包装箱有瓦楞纸箱、木条箱、竹箱、塑料箱和铁箱等，其中木条箱是马铃薯种薯贮藏最理想的包装箱。因为木条箱通透性好，易于马铃薯的通风换气，也易于码放，可以做到机械化搬运和码放。合成塑料箱对于蔬菜贮藏非常普遍，但对塑料箱的尺寸有所限制，最大 1 ~ 1.5 m，合成塑料箱成本较高。由于牢固耐用及易拆卸折叠，钢制箱也成为人们关注的对象。钢制箱要求侧板与马铃薯柔和接触，对于容量超过 3 t 的钢制箱，要求框架高，且对于装箱、倒箱的设备要求更高。

（4）其他

为了增加贮藏库的有效贮藏量，对于大中型贮藏库比较适用的是带有托盘的贮藏方式，适合各种规模的袋装、箱装马铃薯贮藏。其结构是采用钢架结构结合托板，托板上面可以放塑料网带、木箱或塑料箱。这种方式便于装卸，容量大，如我国目前使用的具有坚固吊带的吨袋包装贮藏马铃薯，从田间分拣装袋后，直接运输到库内贮藏，减少中间再分拣和倒袋环节。

贮藏方法

1. 按马铃薯的用途分类贮藏

（1）商品薯贮藏

主要指鲜食消费薯贮藏，需贮藏在适宜的温湿度环境中，一般最适宜贮藏温度为 3 ～ 5 ℃，相对湿度为 85 % ～ 95 %，且需避光贮藏，因为受光照变绿的马铃薯块茎其龙葵素含量增高，人畜食用后可引起中毒，轻者恶心、呕吐，重者可使妇女流产、牲畜产生畸形胎，甚至有生命危险。市民家庭贮藏马铃薯建议使用冰箱冷藏，一次性解决贮藏温度和光照的问题。如进行常温贮藏，则必须选择避光的环境进行，并减少采购量，缩短贮藏时间，以避免马铃薯块茎品质劣变。

（2）加工薯贮藏

不同加工用途的马铃薯因贮藏时间、贮藏质量要求的差异而采取各自适宜的贮藏方式和贮藏条件。淀粉加工原料薯的贮藏设施简单，贮藏方式较为粗放，其受淀粉生产的影响，多为短期贮藏，贮藏管理以防止冻害和病害为主。全粉加工原料薯及薯条、薯片加工原料薯对品质要求比较严格，受加工企业的生产规模影响，企业贮藏量大，部分马铃薯贮藏时间达 5 个月以上，要求设施技术水平高，多为大型机械通风库或恒温库群。贮藏管理技术水平较高，以病害防控、抑制发芽、营养品质保持为主，尤其要注意监控贮藏马铃薯块茎的还原糖含量。贮藏温度要求相对高一些，一般为 8 ～ 12℃，相对湿度 85 % ～ 95 %，但要视品种低温糖化特性和贮藏时间确定最适宜温度，长期贮藏温度控制低一些，短期贮藏温度相对高一些。加工前 1 ~ 2 周在 15 ~ 20 ℃下进行回温处理，薯块还原糖可部分逆转为淀粉，减轻对薯块加工品质的影响。

（3）种薯贮藏

马铃薯种薯按国家标准的相应质量要求分为原原种、原种、一级种和二级种。种薯对于马铃薯产业的意义不言而喻，在马铃薯种薯的贮藏过程中，一切贮藏条件的设计和使用都以保持种薯活力为目的。目前在实际生产中，原原种马铃薯的贮藏条件最好，一般贮藏于恒温贮藏库或气调库，其余等级的种薯一般贮藏于机械通风库。马铃薯种薯的贮藏管理技术按照种薯块茎在贮藏初期、贮藏中期、贮藏后期的不同状态，设置包括环境温湿度、二氧化碳浓度、光照等条件，以尽量减少块茎的活力损失。马铃薯种薯贮藏的环境条件一般为：温度 2 ~ 4 ℃，相对湿度 85 % ~ 95 %，二氧化碳浓度不高于 0.5 %。种薯贮藏时间一般较长，因此应尽量选择库温比较稳定、控温性较好的库窖贮藏。如果不能提供适宜的贮藏条件，常会使块茎在贮藏期间发芽，如不及时处理，会消耗大量养分，降低种薯质量。如果无法降温时，应把种薯转入散射光下贮藏，以抑制幼苗生长。如果芽太长影响播种时，需要把长芽掰掉，但还是会影响产量，所以，种薯要低温贮藏，不可早发芽。在马铃薯种薯的贮藏末期，根据生产的需要，还会采取技术手段促进种薯发芽。

2. 按薯块大小分开贮藏

薯块大小不同，其间隙不同，通气性也不同，而且休眠期也不相同，故应分开贮藏。如果袋装贮藏，则薯块大的袋子可适当码放得高一些，薯块小的袋子适当码放得低一些。

3. 按休眠期不同分开贮藏

马铃薯品种不同，休眠期不同；同一品种，成熟度不同，休眠期也不同。如果将休眠期较长的马铃薯与休眠期较短的马铃薯贮藏在一起，其休眠期会缩短。

贮藏期管理

马铃薯入库后按照初期、中期、末期三个阶段进行贮藏管理，且主要是通过及时通风调控贮藏库内温湿度和二氧化碳含量，而且要勤检查，发现有腐烂薯块要及时进行挑拣，还要防止冻害发生。做到这些，马铃薯一般会达到安全贮藏要求。

1. 贮藏初期

10月至11月，马铃薯入库初期，正处在预备休眠状态，呼吸旺盛，放热多，库温高，湿度大。此阶段的管理以降温除湿为主，通气口要经常打开，尽量通风散热，防止库温过高。有条件的地方应安装强制通风设备进行强制通风，每天要进行强制通风半小时以上。马铃薯入库后 20 ~ 30 天内，特别要注意降温除湿，避免马铃薯表面湿润而感染病菌。

2. 贮藏中期

12 月至翌年 2 月，北方马铃薯贮藏处于休眠阶段，呼吸较低，而外界正是严寒冬季，温度很低。此阶段的管理主要是防寒保温，要密闭库门和通气孔，必要时可在薯堆上盖草帘来吸湿、保温、防冻。定期入库观察温度，保证库内温度不低于 1 ℃，严防冻害发生。如在西北甘肃中东部 1 月份温度最低，且户外一天内温度变化较大，温差最高可达 20 ℃ 以上，贮藏库内温度要保证平稳，库内各点温差不超过 2 ℃。

3. 贮藏末期

翌年 3 月至 4 月，外界温度逐渐升高，窖温也会逐渐升高，易造成块茎发芽。此阶段重点是保持窖内低温，最大限度减少因外界温度逐渐升高而影响窖内温度，最大限度避免薯块发芽。白天避免开窖，若窖温过高时即可在夜间打开窖口通风降温。此时可以倒堆翻垛进行加工包装，既散了热，又为销售做好了准备。

发芽调控

发芽调控是指在马铃薯块茎收获后通过对块茎贮藏环境（如温度、气体成分）的调控、施用药剂、辐照处理等技术手段延缓、阻断或者促进块茎发芽的措施。对于鲜食马铃薯、加工原料薯来说，采用恰当的技术手段，推迟马铃薯块茎发芽，以减少马铃薯的贮藏损失、避免因块茎发芽造成的加工品质劣变是十分必要的生产措施。相关技术及其机理的研究由来已久，在生产中的

应用也十分广泛。在国家监管政策的引导下，单一的药剂调控正在逐渐退出马铃薯生产，综合利用马铃薯品种特性、贮藏计划、环境气体条件（高二氧化碳、低氧并适量添加乙烯）等因素，并配合天然药物以达到低剂量、高功效的发芽调控技术正逐渐成为生产应用的主流。在马铃薯种薯，尤其是微型薯的生产周期及后续的种植环节，在生产时间上不能良好的衔接时，多采用技术手段提前结束马铃薯块茎的休眠，促进块茎发芽以便于种植。种薯的促芽调控在种薯的跨区域调运使用中较为普遍。常用的发芽促进方法有激素处理、高温栽培等手段。随着马铃薯发芽调控研究的深入，相关机理的研究也已经进入分子水平，目前主要集中在马铃薯块茎发芽相关蛋白组学及功能性基因等方面。常用的抑芽剂有氯苯胺灵、萘乙酸甲酯、青鲜素，其中氯苯胺灵、青鲜素已被批准登记使用在马铃薯上，并且对其使用方法及限量做出了明确规定。

1. 氯苯胺灵（CIPC）

氯苯胺灵（Chlorpropham，简称 CIPC）是一种高效的马铃薯抑芽药剂。CIPC 在马铃薯贮藏中应用最广泛，但因为 CIPC 干扰外皮的形成，仅仅在愈伤后使用。欧美地区对 CIPC 的研究较早，研究表明CIPC能够有效抑制马铃薯发芽，并能保持其品质和营养。以 CIPC 为主效成分的抑芽剂在欧洲国家及美国、加拿大、澳大利亚等国家的马铃薯贮藏中普遍使用，其抑芽效果也得到了马铃薯贮藏市场上的检验。20 世纪末中国引进了此类马铃薯抑芽剂，进行了用量、剂型、施用方法、作用机制等大量研究，并逐渐应用在生产中。甘肃省农业科学院农产品贮藏加工研究所研发了 CIPC 相关产品，包括散施的粉剂（2.5 % CIPC）、乳油（30 % CIPC）以及气雾剂（50 % CIPC）等剂型，其使用方法和注意事项如下：

（1）粉剂

马铃薯收获后 2 ～ 3 周，待创伤自然愈合、表面干燥后方可施用。根据处理块茎数量的多少，采取不同的方法。如果处理数量在 100 Kg 以下，可把药粉直接均匀地撒于装在筐、篓、箱或堆在地上的块茎上面。若数量大，可以分层撒施，每层高 30 cm 左右均匀喷撒一次。有通风管道的窖，可将药粉随鼓入的风吹进薯堆里边，并在堆上面再撒一些。用手撒或用喷粉器将药粉喷入堆内均可。药粉有效成分挥发成气体，便可起到抑芽作用。无论哪种方法，撒上药粉后要密封 3 ～ 5 天。处理薯块数量少时，可用麻袋、塑料布等覆盖，数量大要封闭窖门、屋门和通气孔。将抑芽剂直接喷洒在马铃薯上，马铃薯的表皮要干净，药剂喷洒要均匀。用喷粉器施用抑芽效果会更好，也可与其他防腐剂混合使用。

（2）乳油

马铃薯收获后 2 ～ 3 周，待创伤自然愈合、表面干燥后方可施用。将乳油原药和水按一定的比例混合，充分搅拌混匀后用喷雾器直接喷施在马铃薯上。稀释液要均匀附着在马铃薯表皮上，且稀释液要现用现配，不能久置。喷施后将马铃薯遮盖避光，自然风干，再将其进行贮藏。在马铃薯休眠期结束前施用，抑芽效果最好。

（3）气雾剂

马铃薯收获后需等候至少 14 天，待收获时的损伤自然愈合（形成木栓层）后方可施用。在马铃薯愈合期后、出芽前（不论是否过了休眠期）的任何时间内，均可施用于成熟、健康、表面干燥的马铃薯上。使用前可适当加热气雾剂，尽量让原药完全溶解，然后采用气雾剂专用设备处理贮藏的马铃薯。CIPC 的气化可使其更好地、均匀地分布在薯堆中。

（4）注意事项

抑芽剂有阻碍块茎损伤组织愈合及表皮木栓化的作用，所以块茎收获后，必须经过 2 ～ 3 周时间，使损伤组织自然愈合后才能施用。该类抑芽剂不得用于种薯发芽调控，也不能在要贮藏种薯的贮藏库中使用。

2. 青鲜素（MH）

青鲜素（Maleic hydrazide，简称 MH），又名马来酰肼、抑芽丹，是一种植物生长抑制剂。青鲜素可通过叶面角质层和根部吸收进入植物体内，传导到植物生长活跃部位，影响植物的光合作用和细胞分裂，从而抑制植物芽的生长。青鲜素被广泛应用于农作物及园艺植物的生长调节，可控制马铃薯发芽，延长贮藏期，是一种高效的马铃薯抑芽药剂。研究表明，用0.25%～0.30%的青鲜素溶液喷施田间生长的马铃薯叶片能抑制采后马铃薯的发芽，可延长马铃薯休眠期2个月。青鲜素喷施马铃薯植株的安全间隔期为7天，其在马铃薯植株及土壤中消解速度较快，且在抑制发芽的同时，能安全、有效降低马铃薯的腐烂率。

3. α－萘乙酸甲酯（MENA）

α－萘乙酸甲酯（1-naphthaleneacetic acid methyl ester，简称MENA），是一种在农业上广泛应用的生长素类植物激素。20世纪50年代国外学者进行了大量的合成与应用研究，并且实行了大规模的工业生产。中国将α－萘乙酸甲酯用作马铃薯抑芽剂源于20世纪80年代，并进行了大量的研究与应用。将MENA与细沙拌成粉剂均匀撒在马铃薯堆中可产生明显的抑芽效果。MENA在抑制发芽的同时，能安全、有效地减少马铃薯水分损失，保持其商品价值。

4. 乙烯（ETH）

国内外大量研究表明，外源乙烯（Ethylene，简称ETH）对马铃薯抑芽具有较好效果，且不会对马铃薯造成不可逆的损伤。外源乙烯通过影响贮藏期间马铃薯块茎糖代谢途径中酸性转化酶、蔗糖合酶、蔗糖磷酸合成酶等多种酶的活性来影响块茎的生长发育进程，从而影响马铃薯的休眠与发芽。通常情况下，外源乙烯浓度越高，抑芽效果越好。

5. 香芹酮（CAR）

香芹酮（Carvone，简称CAR）通过抑制类异戊二烯代谢途径中的限速酶3－羟甲基戊二酰辅酶A还原酶的活性影响马铃薯芽的生长。香芹酮作为天然的马铃薯抑芽药剂，不仅能运用于商品薯，也适用于种薯，具有广阔的市场开发前景。由于香芹酮具有挥发性，因此常用熏蒸的方法处理贮藏中的马铃薯块茎。甘肃省农业科学院农产品贮藏加工研究所相关团队发明了一种右旋香芹酮的羟丙基－β－环糊精缓释剂，该缓释剂能够改善右旋香芹酮易氧化，挥发速率快、药剂利用率低、药效不持续的问题。以凹凸棒矿物、β－环糊精等作为香芹酮缓释基料，可应用于马铃薯贮藏保鲜中。研究表明，香芹酮对微型薯也具有发芽调控和抑制腐烂的保鲜作用。

6. 其他新型抑芽药剂

近年来，研究人员不断发现各类新型抑芽药剂，研发新的马铃薯抑芽剂配方。例如，1 ~ 16 mg / L 烯效唑、紫茎泽兰干粉或紫茎泽兰提取物、香料混合物（川楝子、八角、茴香）可作为抑芽药剂用于马铃薯种薯贮藏。此外，二氧化氯、一些萘的衍生物（如二甲基萘、二异丙基萘）、醇类化合物（如薄荷醇、香叶醇、橙花醇、壬醇、戊醇）、酯类化合物（如油菜素内酯、茉莉酮酸甲酯）、醛类化合物（如肉桂醛、乙醛）、天然植物提取物（如臭椿提取物、大蒜精油、茉莉精油）也对马铃薯芽的生长有一定的抑制作用。

7. 低温及辐照技术抑芽

低温技术处理马铃薯可抑制其发芽，亦可减少块茎水分散失，延长贮藏期。研究表明，16 ℃贮藏马铃薯 30 天后开始发芽，但 4 ℃贮藏马铃薯 120 天后发芽数量及芽长无明显变化，可见低温有利于抑制马铃薯贮藏期的发芽发生。低温技术因安全且易于操作而被广泛使用，但低温糖化问题会严重影响马铃薯加工品的色泽品质，并增加了丙烯酰胺等潜在致癌物质。因此通过基因手段选育可耐低温的油炸马铃薯专用品种，以及不断革新低温贮藏技术将有助于提升马铃薯贮藏品质。

目前，由于辐射处理中心建设投资成本高，加之国内马铃薯多种植于山区，不但增加了运输成本，而且处理费用也较高，致使无法广泛应用。其次，辐射技术不能应用于种薯贮藏。人们对辐照技术处理马铃薯也心存芥蒂，如放射线对农产品是否会产生放射性，以及照射处理后是否会产生有毒物质等。但大多研究结果表明，辐照处理后并不会明显地影响人体健康。因此将辐射技术应用于马铃薯抑芽处理还需加大宣传力度，以消除消费者的担忧。

防腐技术

马铃薯在采收期因感染病菌、搬运损伤、贮藏前未晾晒及贮藏环境温湿度调控不当等，导致马铃薯块茎出现腐烂、缩水、霉变等现象，对马铃薯产业及广大种植户造成了严重的经济损失，因此加强贮藏期马铃薯防腐技术的研究十分必要。

1. 低温及辐照防腐技术

低温技术除可抑制马铃薯发芽外，亦可用于贮藏期马铃薯的防腐保鲜，以防止有害菌侵蚀其表皮造成马铃薯腐烂问题的出现。若贮温为 1 ～ 4 ℃时，马铃薯块茎呼吸微弱，薯皮皮孔关闭，病菌较难生长发展，质量损失最低。因此，传统贮藏中应控制好贮温即可。研究表明，适宜剂量下的辐射处理可有效减少马铃薯贮藏中的自然损耗，亦可消除其表皮的有害微生物，达到预防马铃薯腐烂的目的。

2. 化学防腐剂

化学防腐剂因可抑制或杀灭微生物而成为当前马铃薯贮藏期重要的防腐手段之一。研究发现，四氯硝基苯气体可抑制贮藏期间马铃薯薯皮上留存病原菌的生长，达到预防薯块腐烂的目的。二氧化氯、仲丁胺和过氧乙酸三种熏蒸型化学防腐剂对马铃薯干腐病具有不同的抑制效果，用 95 μg / kg 浓度的仲丁胺处理可明显降低接种于马铃薯薯块上干腐病的发病率及病斑扩展速度。但消费者对农产品上化学药剂残留问题越来越关注，因此使用安全低毒或无毒的药剂处理马铃薯以降低其贮藏期病害的发生仍是今后研究的方向之一。

二氧化氯防腐剂属食品添加剂类防腐剂，可用于马铃薯贮藏期间真菌性病害和细菌性病害的防治，具有安全、使用简便、广谱杀菌、无残留的特点。该防腐剂可用于对各类用途的马铃薯（如种薯、商品薯及加工薯等）、马铃薯贮藏设施和包装以及运输器具等的消毒处理。马铃薯采收后的任何时期均可使用该防腐剂，根据贮藏量多少、贮藏时间长短等情况可在贮藏过程中分初期、中期及末期进行 2 至 3 次重复处理，也可根据马铃薯贮藏病害情况适时处理。马铃薯处理推荐使用浓度为每吨马铃薯 1 ～ 2 片，设施消毒推荐使用浓度为每 3 立方米 1 片。

3. 涂膜技术

涂膜技术可有效阻挡致病菌感染马铃薯。研究表明，以液体石蜡、植物油为涂膜材料处理马铃薯后可有效降低其失重率、发芽率和腐烂率，显著抑制呼吸强度及多酚氧化酶（PPO）活性，从而有效延长马铃薯的贮藏时间。采用魔芋葡萄甘露聚糖、麦芽糖糊精和蜂蜡蔗糖酯等涂膜材料处理可预防马铃薯腐烂现象的发生。

4. 新型防腐技术

目前，防止贮藏期马铃薯腐烂现象发生，采用化学防腐剂、低温、辐射和涂膜等化学物质与技术，但这些物质与技术存在自身的局限性。随着社会的发展，食品安全观念逐渐深入人心，开发新型绿色、安全、低毒的防腐物质及技术已成必然趋势。

目前，将微波、高压脉冲电场、静电、磁场等物理技术应用于果蔬防腐的研究已有较大突破，并逐渐实现多种新型物理技术组合应用于防腐研究。通过深入研究各种物理技术在马铃薯中的防腐机理、影响因素及相应最适条件，并利用不同技术间组合应用达到降低成本的目的，以实现对马铃薯最佳的防腐效果。随着天然提取物防腐研究的不断推进，已研究发现部分以动物源、植物源以及微生物源为主的天然提取物防腐剂，如甲壳素（壳聚糖）、溶菌酶、鱼精蛋白、大蒜素、果胶物质及那他霉素等，电解水在马铃薯中的杀菌消毒、去农残的应用也逐步得到认识和重视。

病害防控

1. 侵染性病害

在田间栽培过程中，多种病原真菌、细菌、病毒、线虫可侵染马铃薯叶片、茎秆以及块茎等。马铃薯块茎中携带的潜伏侵染病原物可在贮藏期适宜条件下发病，引发薯块产生疮痂、腐烂等症状，造成马铃薯贮藏期损失。为减少马铃薯贮藏期病害的发生，应在入库前细心挑拣，精选薯块，对已入库的薯块要定期检查，及时剔除病烂薯块。

马铃薯干腐病是马铃薯贮藏期间发生的主要病害之一，多种镰孢菌均可引起发病，病菌在病残体上或土壤中越冬，可随块茎传播。因种薯本身携带干腐病菌而导致田间播种后母薯过早腐烂，进而造成幼芽未出土便死亡，或出苗晚、出苗为弱苗，最终田间出现缺苗断垄、植株高矮不一的情况，影响田间产量。有研究采用10 %抑霉唑可溶性液剂、75 %抑霉唑硫酸盐可溶粒剂、80 %克菌丹水分散粒剂和70 %甲基托布津可湿性粉剂进行薯块药剂喷雾防治马铃薯干腐病，发现10 %抑霉唑可溶性液剂100 mL / t薯块、10 %抑霉唑可溶性液剂150 mL / t薯块和75 %抑霉唑硫酸盐可溶粒剂20 g / t薯块在马铃薯出库时防效分别为68.5 %、79.2 %和70.6 %，出库后2周防效分别为65.4 %、74.1 %和65.4 %，均具有显著的防治作用，可作为防治马铃薯干腐病的有效药剂应用。采用剂量5 ~ 45 kJ·m^{-2}的UV–C辐照处理接种镰孢菌的马铃薯，块茎中防御相关的苯丙氨酸解氨酶（PAL）、丙二醛（MDA）活性均显著降低，过氧化物酶（POD）活性显著升高，块茎病斑直径的扩散被有效抑制，表明UV–C辐照有助于提高贮藏期间马铃薯块茎对于干腐病的抗性。

马铃薯软腐病是危害贮藏期马铃薯块茎的一种细菌病害，遍及全球马铃薯产区，是马铃薯贮藏的主要病害之一。

二氧化氯对马铃薯软腐病、干腐病有一定效果。二氧化氯是国际公认的A1级广谱、高效、安全杀菌保鲜消毒剂，可杀灭细菌、真菌、病毒、藻类等多种病原物；二氧化氯遇水会生成以羟基自由基和过氧化氢等多种活性氧，因此，二氧化氯水溶液是一种强氧化剂。二氧化氯处理能导致干腐病病原菌菌丝形态学变化，表现为菌丝生长稀疏、扭曲、缠绕，肿胀的菌丝呈现萎蔫、疲软、皱缩、变形等异常形态学变化；菌体细胞壁增厚，细胞严重变形，细胞呈现不规则形状，细胞器无法分辨，且细胞质严重凝集，细胞内部出现空腔或沉积电子致密体，同时坏死的菌丝内部形成了子菌丝。二氧化氯处理能使软腐病病原菌菌体形态由正常的直杆状变为圆球状或近似椭圆形；个别菌体胞壁出现轻微皱褶，多数孢壁破裂，内容物渗出，细胞壁与细胞膜出现分离，严重时绝大多数菌体出现胞壁胞膜分离的空泡，胞质有轻微凝集，鞭毛消失(见图1–4–1、图1–4–2)。二氧化氯对马铃薯干腐病和软腐病均具有显著的抑制作用，不同浓度对病菌的抑制存在明显的差异，随着浓度的增加，病菌的生长明显受到抑制。马铃薯贮藏期间，二氧化氯处理后，可明显降低腐烂率，并对贮藏马铃薯薯皮的褐变程度有一定抑制作用。

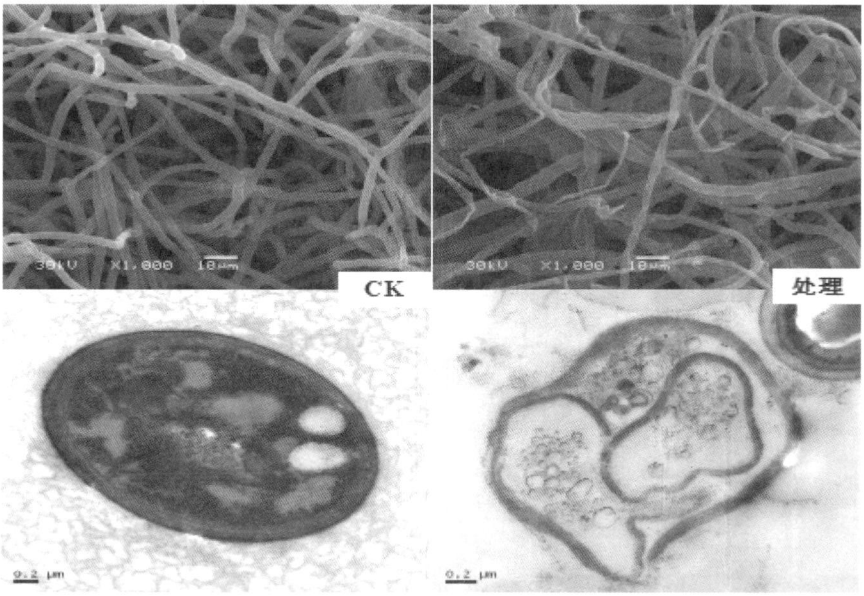

图 1-4-1　二氧化氯处理对马铃薯干腐病原菌形态和超微结构的影响

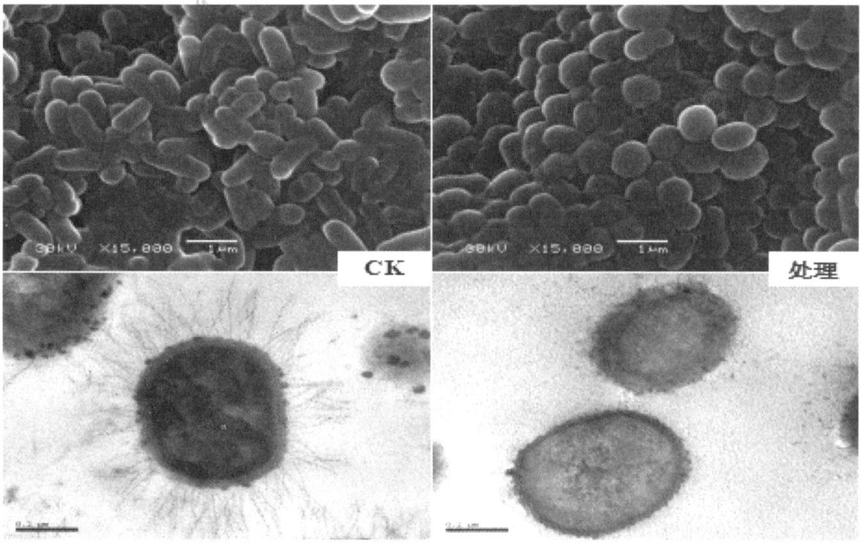

图 1-4-2　二氧化氯处理对马铃薯软腐病原菌形态和超微结构的影响

马铃薯环腐病是一种细菌性维管束病害，可引起地上部分茎叶萎蔫，地下块茎发生环状腐烂。传统检测马铃薯病害主要采用目测、机器视觉以及高光谱成像等方法。因环腐病是内部维管束环变色引起的病害，目测或机器视觉需要对样品进行破坏，高光谱成像技术成本较高。利用近红外光谱结合基于主成分分析的簇类独立软模式法（SIMCA）可区分马铃薯环腐病及健康薯，能有效判别马铃薯环腐病样品。

2. 非侵染性病害

伤口——许多贮藏期病害大多数都是病原物通过伤口侵染引起的。因此，马铃薯伤口的多少和愈合的快慢程度与贮藏期病害的发生有密切关系。因此精选薯块、细心收藏很重要。

高温——马铃薯入库初期，块茎呼吸作用比较旺盛，库温高，湿度大，二氧化碳积聚多，如果通风不良，库温不易下降，往往造成热害，甚至导致多种病原物的侵染。所以贮藏期间适时通风很重要。

高湿——库藏薯块在湿热条件下势必进一步加强呼吸，产生的水分又不能及时散发，凝结在薯块表面，就会引起湿害。同时，在高湿条件下有利于许多病原菌萌发并增殖蔓延，导致病害加剧。所以适时加强通风是非常必要的。

冻害——库温长期低于 0 ℃时，极易引起冻害。因此，在小寒、大寒前后，温度极低时，要注意封堵库门和通风口，加盖草帘，严防低温侵袭。

马铃薯包装与运输

马铃薯进行科学包装、运输是提高马铃薯经济效益的后期措施。马铃薯是水分大、极易擦伤的特殊商品，一旦表皮损伤，不仅使商品薯的外观质量下降，而且病菌容易侵入，会大大缩短商品的存放期。随着我国经济的迅速发展和消费者购买力水平的提高，人们对马铃薯品质、商品包装、采购方式、安全卫生等提出更高的要求。在大力发展食用型商品马铃薯的今天，加强对商品薯的科学包装和科学运输已势在必行。

包装

包装是马铃薯标准化、商品化的手段之一，也是保证安全运输和贮藏的重要措施。

1. 包装的原则

（1）包装要能够防止马铃薯的机械伤害

良好的包装能够防止马铃薯在流通过程中的机械伤害，但包装不适当，同样不能有效防止机械伤害，甚至在包装过程中还会造成机械损伤。所以要注意使包装起到防止马铃薯发生机械损伤的作用，同时要具有一定保鲜作用，特别要注意避免碰伤、压伤和擦伤。不适当的操作和包装容易使马铃薯在包装和流通过程中发生损伤。马铃薯落到硬的表面时可发生碰伤，而碰伤有时在表皮看不到，因此包装时要特别认真。在自动装箱装袋和装卸过程中，由于包装件的掉落等都可造成马铃薯碰伤，所以在落点处要认真铺设衬垫。在掉落部位加减速条、降低落差、底部放缓冲垫、包装过程中的认真管理等都可减少碰伤。

不适当的包装可引起压伤，如马铃薯包装后用劲摇晃封口，可使装入的马铃薯在袋内、垛内受压而造成损伤。所以做好定数包装，按产品大小分别包装，包装容器与装入量相吻合以及足够的包装强度与合理码垛都可减少压伤。运输期间马铃薯的振动可导致擦伤，因此，选择大小适合的包装运输工具，适当摆放密度，选择大小一致的马铃薯，在包装物间添加垫片、衬里和垫物等，可使这一问题得到解决。

（2）包装要利于温度管理

马铃薯包装要能满足产品的特定温度管理要求，而良好的温度管理取决于产品与外界环境的接触。对某些产品来说，气流在容器表面经过就足够了，但为了快速除去热量，通常要使气流易于从容器内部通过。在一定范围内，增加通风可加快热交换。瓦楞纸箱表面有 5% 的开孔就足以使产品快速冷却但又不致使容器的强度减弱太多。开几个大孔比开许多小孔起的作用大。容器开孔一般不应受内部包装材料的遮堵。应该把包装材料对气流通过包装内部的影响降到最低。如果这些材料对气流成功通过包装有很大限制，那么应该进一步加强气流来补偿它们的不良影响。

（3）包装要能够防止产品失水

在贮藏期间，多数产品处于高湿环境，把失水降到了最低的程度。在运输和销售期间，通常没有或几乎没有环境湿度的控制，因此，包装应提供部分屏障以防止产品水蒸气的外逸，许多可起水分屏障作用的包装已被使用。一般包装内湿度屏障不应妨碍必要的气流通过。

（4）包装要便于特殊处理

在包装的选择和设计中，必须考虑某些产品需要的特殊处理，例如，利用二氧化氯气体熏蒸马铃薯来控制病害，这些处理需要容器良好的开孔，熏蒸剂通过这些开孔才易于进入容器内部。通常，能满足快速冷却的开孔也能满足熏蒸。为冷却目的而适当开孔的容器，对产品升温和气体处理也有益处。

2. 包装材料

马铃薯包装从使用材料可分为纸箱包装、塑料编织袋和透气吨袋、麻袋、木条箱、塑料或金属箱包装等，也可分为内包装（零售包装）和外包装（贮运包装）。外包装材料采用纸箱或塑料编织袋，作为外包装用的纸箱要有相当的强度去承受装卸、堆码、搬运的振动和压力。近年来研制的各种瓦楞纸根据需要裁剪成适当的形状和大小并用高效黏合剂制成的包装箱已逐渐得到了推广使用。吨袋、麻袋及木条箱、金属箱包装可长期反复使用，加之便于清洗、消毒和杀菌，目前已普遍推广使用。内包装要与消费者直接见面，所以除要求保护商品外，还要注意造型美观，且具有宣传功能，起到促进销售的作用。马铃薯包装总的要求是包装以牢固、经济、适用、美观为原则。包装的形状、大小、规格、图案、色彩等都应根据使用目的和对象来确定，即必须根据马铃薯品种、市场需要、贮运条件、流通环节、销售对象等诸多因素设计适宜的包装。总之，要便于机械化装卸、远程运输及长期贮藏、批发和零售。

3. 包装机械

马铃薯包装机械包括内包装机和外包装机。

（1）内包装机

用内包装机进行零售包装，有塑料小袋包装机、塑料小网袋包装机、塑料盒包装机、塑料盒网袋混合包装机、塑料膜收缩包装机和塑料自黏膜包装机。当使用塑料膜做小包装时要考虑其透气性和透湿性，要根据马铃薯装入量多少、流通温度高低和流通时间长短来选择膜的种类、厚度，必要时要在膜上打孔或用针扎孔。

（2）外包装机

外包装机可把马铃薯直接装入编织袋或硬箱包装。经过分级的马铃薯经传送带直接进入容器内，可由计数机按个数装箱，或依重量或体积装箱。当依重量装箱时，则应在装箱机处设一个秤，当重量装足时，产品即停止落下。依体积装箱时，通常需要一个操作人员，以决定正确的装填程度。

4. 装箱技术

包装箱内产品按一定规格排列装箱，目的在于避免物品相互碰撞、挤压或因松散、滚动而造成伤害，同时还能通风透气和充分利用容器空间。这对于鲜嫩、承受振动冲力差的新鲜马铃薯是必要的。装箱排列的方式有：

（1）直线排列

产品在箱内直线排齐，不互相错位，上下层对齐，便于计数统计，缺点是底层直接承受上层重量，压力大，通风透气差。

（2）对角线排列

将产品逐个错列排放在空隙中，装盛量多，在箱内稳定不易滚动，底层承受力小，通风透气好。

（3）格板式排列

箱内有定形隔板，马铃薯逐个放入板格内定位，操作简单，便于计数，安全可靠。机械化、自动化装箱是高效率的装箱方法，适用于马铃薯散装，一般都与机械化商品处理、计量、分级、堆码、装卸等工序配套连续操作，功效极高。

运输

马铃薯运输主要是指从马铃薯的原产地到加工、消费地区的较长距离的运输，是马铃薯产、供、销过程中必不可少的重要环节。

1. 马铃薯运输的意义

随着现代马铃薯产业的发展，大量马铃薯的生产集中于适宜的气候、土壤及有适当灌溉的地区，为了保证国内市场及国际市场高质量且新鲜马铃薯的供应，在每个主要马铃薯产区都应尽可能采用快速及控制环境的方法对马铃薯产品进行运输保鲜。由此带动世界范围现代马铃薯运输业日益发展，并用现代贮藏方法及运输设备周年供应全国市场和出口需要。对马铃薯提供保鲜运输是一个复杂问题。要把各个不同季节及不同地区生产的马铃薯运到各地市场，必须满足各种马铃薯在运输中的特殊要求。为满足这些要求，运输车辆必须绝缘良好以减缓内部所受的影响，必须装置适当的冷藏或加热设备，还必须控制好湿度和气体成分，以维护产品在车厢内接近最适合的保存环境。

马铃薯运输是解决产品异地销售和周年供应的主要途径，可促进马铃薯的集约化生产和降低生产成本，为消费者提供新鲜和品种齐全的马铃薯，并增加马铃薯产值和种植者的收入。

2. 运输中的生理反应

马铃薯采后无论是就地贮藏、销地贮藏还是直接投放市场，通常都需进行运输。马铃薯产品在运输和搬动时，无论采取何种运输方式、包装形式，震动、挤压、碰撞都在所难免，将不同程度地对组织结构造成创伤，产生各种次级伤害，再加上运输中温度、湿度的剧烈变化，由此引起各种生理反应。

（1）振动与振动强度

振动是马铃薯运输时应考虑的基本环境条件。振动强度的大小可用普通振动所产生的加速度来表示，即用 g 表示（$g = 9.8\ m/s^2$）。但由于振幅与振动周期不同，即使振动强度相同，对马铃薯产生的影响也不相同。振动加速度超过 1 g 就可能直接造成马铃薯的机械伤害，但也不能忽视1 g以下的微小振动。

（2）振动与生理反应

马铃薯薯块在受到外伤或非外伤的伤害，如跌落、摔伤、滚动挑选、滚动装箱、加压以及受小伤等情况下，使其产生外伤，呼吸就明显上升，同时伴随有化学成分的变化。

（3）机械伤反应

变色。变色是酶褐变反应的结果，马铃薯受外力作用，其组织结构受到伤害，膜结构破坏，细胞质外流，氧化褐变，或膜透性增加，含氧量提高。反应底物主要是酪氨酸、绿原酸、对香豆素、奎尼酸等。

变味。变色、变味是马铃薯机械伤的普遍现象，受伤组织，氧化作用加强淀粉、蛋白质转化，糖、酸等有机物质被消耗的同时生成不饱和的醛类、酮类物质和硫化氢等，产生各种异味。

愈伤和腐烂。马铃薯组织受到伤害后，失水使伤口萎蔫收缩形成假愈合，当湿度增加后，坏死组织更易被病菌侵染。愈伤是指各种激素作用下，酶被诱导或刺激使伤口表面细胞发生栓质化或木质化，如马铃薯的“伤痂”。影响愈伤（伤周皮形成）的因素有温度、湿度、气体成分等。马铃薯完整栓质化，5 ℃时为 3 ~ 6 周，10 ℃时为 1 ~ 2 周，20 ℃时为 6 天。腐烂分内部和外部两类。组织受伤使自然保护层受到破坏，细胞受伤后正常代谢受到破坏，抗性削弱，易感染各种侵染性病害，如青霉病，并易产生二次感染。

保护反应。马铃薯受到机械伤刺激，首先使乙烯迅速产生，使苯丙氨酸解氨酶、多酚氧化酶、过氧化物酶的活性加强，诱导产生植保素类物质，如乙烯、赤霉素等激素诱导或刺激酶反应使伤口表面细胞发生栓质化或木质化。

3. 运输环境条件

（1）温度

温度是影响运输的重要环境条件之一。常温运输马铃薯，在没有保温包装的情况下，其品温受气温影响而发生变动，尤其在夏季或严冬期间的影响就更为明显。采取火车运输时，由于火车结构不同，受气温影响也不同。普通货车运输的马铃薯受气温影响明显，而保温车运输的马铃薯其品温变化甚小。如果使新鲜马铃薯从生产到消费的整个过程都保持在规定的低温范围内，这就是当前所提倡的低温流通，又叫冷链，包括运输、贮藏、零售、消费等各个环节。从字面上看，低温流通是将低温技术应用于整个系统，在这个系统中的任何一个环节都必须实行低温管理。低温运输虽然只是整个系统中的一个环节，却起着主要的作用。

（2）湿度

马铃薯在运输过程中由于包装材料的种类、大小和缓冲材料的种类以及马铃薯本身的蒸腾强度等方面存在差异，会表现出湿度高低的不同。因此，在运输时应根据不同的包装材料采取不同措施。

（3）蒸散和萎蔫

马铃薯刚采收时，气孔尚未完全闭合，幼嫩器官的表皮层尚不发达，主要为纤维素，容易透水，愈伤或假愈合尚未形成。若此时进行长途运输，则马铃薯蒸散会因风力大、湿度低、温度变化大等原因而成倍增加。萎蔫不仅使马铃薯失去新鲜状态，而且使各种酶代谢失调、活性增加，对生化代谢或硬度产生显著的影响。

4. 运输期

根据马铃薯的生理阶段及其对温度的适应范围，一般可划分为三个运输时期，即安全运输期、次安全运输期和非安全运输期，因此马铃薯运输需安排适宜的运输时间，采用合理的运输工具和装卸方法，并选择合适的包装材料，这是做好运输工作的先决条件。

（1）安全运输期，是指马铃薯收获之时起至气温下降到 0 ℃时止。这段时间马铃薯正处于休眠状态，运输最为安全。在此期间应抓紧时机突击运输。

（2）次安全运输期，是指气温从 0 ℃回升到 10 ℃左右的一段时间。这时随气温的上升，块茎已度过休眠期，幼芽即开始萌动。长距离的运输，块茎就会长出幼芽，消耗养分，影响食用品质和种用价值，故应采用快速运输工具，尽量缩短运输时间。

（3）非安全运输期，是指气温下降到 0 ℃以下的整个时期。为了防止薯块受冻，在此期间最好不运输。如因特殊情况需要运输时，必须包装好，加盖防寒设备，严禁早晚及长途运输。

此外，长距离运输不仅要考虑产区的气温，而且要了解运达目的地的温度。一般地讲，由北往南运时，冬季应以产区的气温而定，春季应以运达目的地的气候而定；由南往北运时则相反，这样既可防止薯块受冻，又能避免薯块长芽。

5. 运输方式

世界范围内交通运输业按交通线路的种类来分，有铁路运输、公路运输、水路运输、航空运输四种基本的运输方式，分别采用火车、汽车、轮船、飞机等现代化运输工具和木帆船、畜力车、人力车、马帮等传统的民间运输工具。随着交通运输和工农业生产的发展，各种运输方式的运输量都有不同程度的变化，其结构也在不断地发生变化。在进行马铃薯运输时，要根据现有各种运输方式的分工、结构和特点，结合马铃薯的生物学特性、运输距离的远近以及购销任务的缓急，合理地选择和使用不同的运输工具和运输方式，以确保马铃薯运输任务的完成和合理的经济负担。

马铃薯运输的主要方式有铁路运输和公路运输两种。短途运输宜选择公路冷藏运输，中长途运输宜选择铁路冷藏运输。

（1）铁路运输

铁路运输是国民经济的大动脉，也是主要的现代化运输方式之一。在各种运输方式中铁路承担着全国货运量 1 / 2 的任务，担负着长途运输的重要任务。它与水路、公路干线和短途运输相衔接，把全国各个地区和边疆联结成一个整体，对于加强城乡之间联系、促进工农业生产的发展等起着重要的作用。

铁路运输的优点：

货运能力大，运行速度快，连续性强，管理高度集中。

运输费用较低。远距离运输的产品由于运输量大运费负担小，所以运费较低且经济。

一般不受天气、气候和季节的影响。如船舶运输时，遇到坏天气要停航或在港口不得不中止装卸的事情会经常发生。

比较安全准确。沿轨道运行，安全系数大。

运输中振动较小，对马铃薯振动伤害少。

（2）公路运输

公路运输（一般指汽车运输）是很重要的一种运输方式。公路运输主要是地区性的运输，地区公路网与铁路和水路干线相配合，构成了全国性的综合性运输体系。公路运输四通八达，深入广大城乡，担负着农产品的短距离集散任务和某些农产品的中距离运输任务。现在，不少经济发达国家已建立了高度发达的高速公路网，利用货运汽车把产地的新鲜马铃薯及时运输到市场销售，对马铃薯的周年供应起到了重要作用。

公路运输（汽车）的优点有：

投资少，见效快。铁路的轨道铺设等需要巨额投资，而汽车可以使用原有的公路，因此，设备费用低廉。

便于开展“门到门”的直达运输。汽车可以实现服务到家的运输，而采用铁路和船舶运输时，通常无法将货物从发货主门口运到收货主的门口，送货上门服务不得不依靠汽车。

机动灵活，应急性强。汽车在满足运输需要方面有机动性。即汽车运输不需要铁路运输或船舶运输那么大的运输系统，能灵活满足运输要求，因此，能适应紧急运输。

中间搬运少，可减轻机械伤害。由于能上门服务，所以中间搬运较少，而且公路质量越来越好，因此运输途中的冲击轻微，物品易捆扎。

运行速度快，装卸方便。与铁路运输相比，倒载搬运少，装卸方便，可以迅速地直达运输地。

少量或中量的近距离运输，比铁路运输便宜。

6. 运输工具

（1）普通棚车

普通棚车即普通有棚货车，没有温度调节控制设备，受自然气温影响大，若要调节车厢内温度、湿度，只有靠人工开闭车门或采取在车厢内生火炉、加冰、通风、覆盖等措施进行。

（2）加冰冷藏火车

加冰冷藏火车又称冰箱保温车（冰保车），厢体隔热并设有贮冰箱，依靠加入冰块来降温。加冰保温车可单独或几节车厢挂在其他客货列车上，也可组合成冷藏专列。

加冰冷藏车可分为两种类型：

车端式冰箱冷藏车。加冰的冰箱设置在车厢两端，这种冷藏车载冰量少，降温效能低，而且车厢内温度分布不均匀。

车顶式冰箱冷藏车。加冰冰箱设置在车顶，一般有 4 个冰箱、6 个冰箱、8 个冰箱等几种类型。为了保持车厢低温，都用良好的隔热材料，可维持车厢内达到 2 ～ 10 ℃的低温。由于冰箱在车顶，冷空气均匀下降度较均衡，相差不超过 1 ～ 2℃。

（3）机械冷藏火车

机械冷藏火车是利用机械制冷降低车厢内温度，目前使用的机械冷藏车按其供电和制冷的方式可分为集中供电集中制冷型、集中供电单独制冷型、单节式机械冷藏车。不同型号的机械保温冷藏车能够在较大范围内调节温度，以满足不同种类、不同用途马铃薯及加工品贮运的需要。机械冷藏车依靠机械制冷，不受外界气候条件干扰，温度稳定，贮运效果好，虽成本较高但能收到良好的效益，是马铃薯贮运发展的趋势。

（4）冷藏汽车

冷藏汽车是指在每一辆卡车底盘上装上隔热良好的车厢，容量 4 ～ 8 t 不等。车厢外装有机械制冷设备，以维持车厢内的低温条件，也可在车厢内加冰冷却。

（5）冷藏拖车

目前，生产中使用的大多数冷藏卡车是拖车类型的，一个单独的机动车和司机室（机动牵引车）拖拉着一个公路冷藏拖车。冷藏拖车前后有两排轮子，是单独的隔热车厢，并装有机械制冷设备，装载货物后，由机动车牵引运输。拖车一般是标准大小的，长 4 ～ 12 m，能够运输超过 20 t 重的产品。制冷机是柴油发动的，空气循环方式通常是纵向的（从前到后），在货物顶部穿过，到达货物的另一端，再穿过后部或货物下部返回，因此，要有足够的返回空气通道。较新的拖车在侧壁里有脊，可促进货物和车壁间的空气循环。值得注意的是由美国食品资源局生产的新的集装箱吸取了美国农业部的最新研究设计，空气循环是从底部（沿着较深的车厢地面部分）到顶部。拖车隔热不如火车车厢，使得更多的热量从壁顶、地面和门漏入车厢内。最新的研究表明，夏季卡车运输热负荷很大一部分来源于路面的热辐射，其温度比气温高 7℃。

7. 运输管理

马铃薯运输保鲜过程中管理的好坏，对马铃薯能否从产地成功运输到目的地起着非常关键的作用。运输工具是硬件，管理是软件，好的硬件和好的软件完美地结合非常重要。马铃薯是生物产品，在流通贮运中要根据其特点提供适宜的条件，管理的基本要求是：快运、快卸；轻装、轻卸，防止机械伤害；防热、防冻、防晒、防淋。温度管理方面特别要注意预冷、码垛和空气循环。

（1）安全运输、快装快运

马铃薯是鲜活易腐农产品，需要优先调运，不能积压、堆积，而且在整个贮运过程中要防热、防冻、防晒、防雨淋。为了保持马铃薯优良的商品价值，延长货架期，需根据马铃薯的生物学特性及其采后生理指标，尽可能达到其最合适的贮运条件和环境要求。对不能立即调运的产品，应在车站码头附近选择条件适宜的库房暂存、中转。

（2）精细操作、文明装卸

野蛮装卸运输是农产品损失浪费最直接因素之一。质地鲜嫩的马铃薯更需要精细操作，倍加爱护，做到轻装轻卸，杜绝野蛮装运。应严格实施装卸责任制和破坏赔偿罚款制度，并加强职工的素质教育和商品贮运性能的宣传培训，同时采取必要的行政和法制手段，以保证马铃薯的运输质量。

（3）环境适宜、防热防振动

在进行马铃薯运输时，应根据马铃薯不同种类和品种的特性，提供适宜的温度、湿度以及气体成分等运输条件，并防止过度振动和撞击，以防止马铃薯品质劣变和败坏。运输的温度过高，会引起马铃薯呼吸加剧、营养物质消耗增多、病虫害蔓延，加速腐败变质；反之，温度过低则易产生冷害或冻害。此外，温度过高过低也易导致马铃薯失重失鲜，甚至腐败变质。

（4）合理包装、科学堆码

运输过程使马铃薯处于动态不平衡状态，因此，产品必须有科学合理的包装和堆码使其稳固安全。包装材料和规格应与产品相适应，做到牢固、轻便、防潮，且利于通风、降温和堆垛。一般马铃薯可用“品”字形、“井”字形装车堆码法，使之稳固安全，且有利于通风和防止倒塌，并能经济利用空间，增加装载量。

商品化处理

马铃薯商品化处理是为保持或提高马铃薯产品质量并使其从农产品转化为商品所采取的一系列措施的总称，主要包括整理、挑选、清洗、分级、包装等技术环节。马铃薯商品化处理对延长马铃薯贮藏期、改善马铃薯品质非常重要。马铃薯采收后到贮藏、运输前，根据其品种种类、贮藏时间、运输方式及销售目的进行一系列处理，目的是减少采后损失，使马铃薯薯块清洁、新鲜、美观，有利于销售和食用，并提高其耐贮性和商品价值。

1. 整理与挑选

马铃薯采收后，要去除薯块表面泥土，并剔除发青、发芽、带病虫、腐烂、损伤、受冻及畸形薯。马铃薯薯块经过整理和挑选，可以获得较好的商品性和贮藏保鲜性能。挑选是在整理的基础上进行的，有人工和智能机械挑选等方法。

2. 分级

分级是马铃薯商品化处理的必须环节，是提高马铃薯质量及经济价值的重要手段。马铃薯收获后，根据品种种类、大小等按照不同销售市场所要求的分级标准进行分级，从而提高马铃薯薯块质量，减少贮运过程中的损失，且便于包装、运输及进行市场的规范化管理。分级方法有手工分级和机械分级两种。

（1）分级要素

马铃薯根据不同需求、不同用途，其分级要素也不同。图 1–5–1 为分级要素的分类及处理方法。

（2）等级分级

分级是将马铃薯薯块按照规定进行的基准以上和未达到基准的操作。符合薯块形状和质量的为品质等级基准，符合大小等级基准要求的为尺寸等级基准。等级分级主要从品质特性，包括形状、颜色、病虫害、损伤程度等项目，按照优、良、合格、等外等级规格进行操作。现在多数由人工目测进行分选。最新趋势是通过计算机视觉图像识别

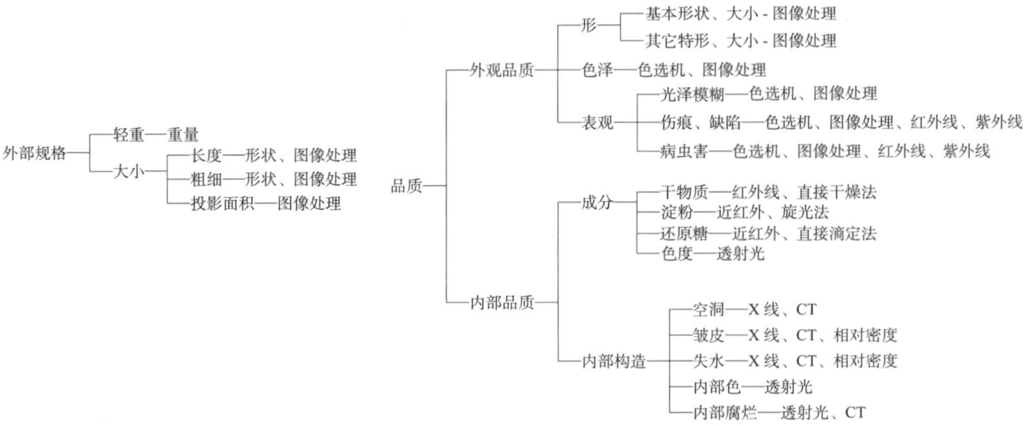

图 1-5-1　马铃薯薯块分级要素

及无损伤等技术进行等级分级。

（3）分级设备

马铃薯分级设备有尺寸分级机和重量分级机。尺寸分级机是按照马铃薯薯块的直径长度进行分级的设备。重量分级机是按照马铃薯薯块的单个重量进行分级的设备，是利用测力传感器等重量传感器，通过一个测量器进行电子比较大小、尺寸的分选方式。这种分级机已广泛应用于马铃薯分级中。重量分级机按机构组合可分为表 1-5-1 所示类型。

表 1-5-1　重量分级机类型

薯块重量比较	平衡钟式、弹簧式、复合式
秤的状态	移动式、固定式、复合式
分级判别方式	机械式、电子式
薯块搬运方式	链式输送带式、活动料斗式、盘输送式、输送带式
输送带平面形状	圆形、长圆形、直线式

马铃薯加工

马铃薯分选（分级、检测）与包装

马铃薯加工包括初加工和深加工。初加工主要指对收获后的马铃薯进行表面净理、分选分级及外部品质检测和包装。分级后的马铃薯可直接进入市场鲜销，也可作为洁净菜的原料，或用于速冻薯条、油炸薯片、马铃薯全粉等大宗工业化深加工的前处理原料。因此，马铃薯的分选（分级、检测）是现代马铃薯加工业提高马铃薯制品品质及附加值的重要环节。

分选的目的

马铃薯分选主要包括：按马铃薯尺寸进行大小分级，按马铃薯质量进行重量分级，按马铃薯外部缺陷（如发芽、发绿、腐烂、病害等）进行检测并剔除。分选后的马铃薯可直接鲜销（进入农贸市场或超市），也可经净菜处理后销售或加工为半成品销售，还可用于薯条、薯片、全粉等对原料要求较高的马铃薯深加工生产，根据不同用途要求采用不同的包装方式，达到保证品质、方便运输、提高附加值的目的。

分选标准

现有的马铃薯分选标准为国家推荐性标准《马铃薯商品薯分级与检验规程》（GB/T 31784），标准规定了不同用途（鲜食、薯片加工、薯条加工、全粉加工、淀粉加工）的马铃薯商品薯各等级的质量要求、检验方法、级别判定、包装、标识等技术要求，适用于马铃薯商品薯的等级判定，包括鲜食型、薯片加工型、薯条加工型、全粉加工型和淀粉加工型商品薯分级指标，提出了各级别的大小、腐烂、杂质、缺陷及加工要求的质量指标等。

分选的工艺流程

马铃薯分选与包装的工艺流程：

马铃薯原料 → 表面净理 → 尺寸分级 → 外部检测 → 重量分级 → 包装

工艺流程描述：

表面净理——采用毛刷去除马铃薯表面的附土，以保证后续分选及检测的准确性。

尺寸分级——采用变隙分选空间，按照马铃薯的尺寸大小进行分选，按消费要求分选若干等级后直接包装上市，也可作为重量分选的预分级，即按三级分选，较大及较小的薯块单独处理，中间尺寸的薯块进行重量分级，以此提高重量分级的效率。

外部检测——采用影像方法及机器视觉识别模型，将马铃薯逐个排序通过检测装置，在线检测每个薯块表面是否有发芽、发绿、腐烂、病害等缺陷，并对缺陷薯块在线自动剔除。

重量分级——对要求较高的马铃薯分级，采用在线逐个称重的方式，按消费预期将薯块分选为若干级别，分级定价销售，提高商品薯附加值。

包装——根据分选后马铃薯的不同用途进行不同形式的包装，如分选后鲜销的薯块可用泡沫网袋逐个套袋后装箱；用于加工的分级薯块可用大袋或木箱包装，也可直接进入生产线加工。市场销售常用人工计量（电子秤）包装。

分选（分级、检测）的主要设备

1. 干法表面净理设备

常用设备为干式除土设备，根据马铃薯表面附着土的黏性将干式除土设备分为毛刷除土机和螺旋刮刷除土机。毛刷除土机主要适用于对沙性土壤生长的马铃薯表面进行除土，螺旋刮刷除土机主要适用于对黏性土壤生长的马铃薯表面进行除土。

（1）毛刷除土机

毛刷除土机有多根平行设置的毛刷辊，毛刷辊之间通过链条和链轮连接，经减速机驱动后使多个毛刷辊同步旋转，毛刷辊带动马铃薯翻转，实现了对马铃薯表面土层的刷洗。由于毛刷比较软，在整个刷洗过程中不会对马铃薯表面造成损伤。毛刷辊的形式较多，可以将毛刷辊上的刷毛制成螺旋状或者制成刷毛高低不平的样式，有利于马铃薯表面土层的清除。如图 2-1-1 所示，采用下层滚刷和上层滚刷相结合的结构，当马铃薯物料通过两层毛刷之间时可以实现对马铃薯表面土层的清理，效率很高。也可以采用一层滚刷结构，将每根滚刷上的刷毛制成凹凸状或螺旋状结构，有利于提高对马铃薯的除土效率。

图 2-1-1　毛刷除土机

（2）螺旋刮刷除土机

螺旋刮刷除土机采用了表面刮土和表面刷土相结合的结构形式，通过旋转刮土方式，将表面的黏性附着土层刮下，然后再经毛刷对刮土后的马铃薯进行刷洗，进一步提高对黏性土层的除土效率。对于黏性土壤生长环境下收获的马铃薯，由于土层黏附力强，不易进行清洗，通常采用清洗能力较强的螺旋刮刷除土机可快速清理马铃薯表面的附土，如图 2-1-2 所示。

图 2-1-2　螺旋刮刷除土机

2. 湿法表面净理设备

由于马铃薯遇水后不耐贮藏，因此，湿法表面净理技术通常用于清洗后马铃薯的鲜销上市，一般采用水喷淋清洗。常用的湿法表面净理设备有批次式清洗机和连续式清洗机。

（1）批次式清洗机

如图 2-1-3 所示，批次式清洗机有多个呈圆弧形分布的滚刷，相邻滚刷之间旋向相反，并在设备的上面设置了喷淋管，马铃薯落入多根滚刷所形成的凹槽中时，在滚刷和喷淋管的共同作用下实现将马铃薯边翻滚边沿着滚刷长度方向移动，逐步从清洗出口端排出。由于其处理能力有限，通常应用于小批量的马铃薯清洗中。

图 2-1-3　批次式清洗机

（2）连续式清洗机

如图 2-1-4 所示，连续式清洗机由多根水平设置的滚刷组成，在滚刷上方间隔分布了多道喷淋管，喷淋管上的喷嘴朝向辊面进行喷淋。马铃薯在滚刷上进行连续翻滚，同时在喷淋水的作用下将表面上的附着土层刷洗干净。这种清洗方式效率高，可以根据处理能力的不同选择不同长度的滚刷。对于贮藏时间较长的马铃薯，可以在此设备的前端设置浸泡设备，将马铃薯表面的附着土层软化后再进行刷洗处理，除土效率更高。

图 2-1-4　连续式清洗机

3. 尺寸分级设备

尺寸分级设备通常按照马铃薯的短径尺寸进行分级，将马铃薯分成大中小三种或四种，再根据不同尺寸的用途进行使用。马铃薯尺寸分级设备有振动网筛式分级机、滚筒式分级机、平面扇形旋转辊式分级机、平行旋转辊式分级机、回转变隙式直径分级机等几种。

（1）振动网筛式分级机

该机由提升装置、筛分装置和挑选台组成，筛分装置由多层振动筛分机构和四连杆上顶式清薯机构组成，该分级机采用多层振动筛机构实现分级分拣功能，鲜薯由提升机提升到筛选装置上，通过三至五层振动的网格筛或栅条筛分成四至六种大小薯块，分别在挑选台相对应通道上移动并自旋转，辅以人工剔除病、劣薯块，合格的移动到挑选台末端分别装箱或装袋。

（2）滚筒式分级机

如图 2-1-5 所示，该机采用电力驱动，主体为框架支撑，主体是滚筒，滚筒由若干级不同孔径筛网的网筒或不同间距的条形间隙组成。分级机后部设后封板，上顶设滚筒护罩，滚筒下面设置底板，底板上设置卸料斗。在一、二级网筒底板的下方设置落尘板。主体框架一端高一端低，使滚筒倾斜设置，其高端设进料斗，低端设置电机、变速箱、链轮、链条，构成动力系统。此设备适合于马铃薯种薯的分级。

图 2-1-5　滚筒式分级机

（3）平面扇形旋转辊式分级机

该机主要包括底架，设于底架上的振筛架，设于振筛架上的呈扇形分布的转动辊组，分别驱动转动辊组转动和振筛架振动的驱动器。转动辊组由高位入口端向低位出口端倾斜设置，且在转动辊组下方间隔设置滑槽。可在振筛架的往复振动以及转动辊组正反向转动过程中，带动马铃薯不停地自转，从动辊组的高位入口端向低位出口端移动，并在移动过程中使小于转动辊间距的马铃薯由小外径向大外径逐步落入对应的滑槽内，再经倾斜设置的滑槽滑入分级箱内，从而完成马铃薯的分级。通过带橡胶垫的滑槽设置，既能保证分级过程中不会损伤原料，提高分级效率以及分级精度，又较大程度地简化了分级机的结构，主要适合种薯的分选。

（4）平行旋转辊式分级机

该机主要包括平行设置的旋转辊组，其中各旋转辊上等间距分布有橡胶轮，橡胶轮随旋转辊一起旋转，相邻两个橡胶轮之间的距离用来控制马铃薯原料的长度尺寸，辊间距控制了原料的直径大小，通过调整辊间距及橡胶轮间距可以分出适合使用要求的马铃薯块茎。此分级方式具有很好的分级精度和较高的分级效率，且不易夹持马铃薯块茎，适用于各种尺寸大小的马铃薯块茎分级。

（5）回转变隙式直径分级机

如图 2–1–6 所示，该机采用回

图 2–1–6　回转变隙式直径分级机

转辊杠式分级结构，通过驱动电机带动分选辊做回转运动。分选辊分为旋转游动辊和旋转固定辊，其中旋转游动辊的两端设置于游动支撑板的调节槽内，沿调节导轨做回转和自转运动的同时还上下游动，实现与旋转固定辊之间的间隙调整，同时与旋转固定辊构成分选空间。旋转固定辊的下端设置有摩擦导轨，固定辊做回转运动的同时依靠摩擦导轨的摩擦作用产生自旋转，这样有利于物料的转动，避免分级时表皮破损。在分选区内设置了可以调节旋转游动辊上下移动的调节机构，通过调节机架上端的手柄对调节机构进行调整，使旋转游动辊与旋转固定辊所形成的分选空间满足分级尺寸的要求。此机型可用于马铃薯、柑橘、苹果、洋葱等块茎类物料的产后分级处理，根据对物料直径大小的不同需求，将收获后的物料分为多个等级，以满足后期的分等鲜销及加工处理。

4. 重量分级设备

重量分级设备是按马铃薯个体重量进行分级，对外形不规则或比重不同的马铃薯进行区分，重量分级精确度高，但生产率低。马铃薯重量分级设备常用的有机械式重量分级机和电脑式重量分级机。

（1）机械式重量分级机

机械式重量分级机即托盘式称重分选机，如图 2–1–7 所示，采用天平和杠杆原理，利用盛料器重量与砝码器所设定秤量，以链条驱动盛料器移位，自动选择与盛料器重量相匹配的砝码器重量后，实现对盛料器重量的分等分级。

图 2–1–7　机械式重量分级机

（2）电脑式重量分级机

如图 2–1–8 所示，电脑式分级

机包括上料装置、排序装置、称重装置和分类装置。将马铃薯通过提升输送至排序装置上，排成一列，再顺次通过在线称重传感器进行逐个称重。控制器接收称重传感器的重量信号，同时根据每个马铃薯的重量为其分配出料口。当马铃薯到达指定出口后被自动分出，速度很快，最快速度可达到 5 ～ 6 个 / 秒薯块。

图 2-1-8　电脑式重量分级机

电脑式重量分级机主要通过链条带动托盘进行输送，托盘的大小对马铃薯的直径大小提出了一定要求。使用这样的分级设备时，首先要对马铃薯进行直径分级，将适合尺寸范围的马铃薯分选出来，然后进一步通过电脑式重量分级设备进行称重分选，按重量分为多种规格。

5. 外部检测设备

外部检测设备是利用称重、图像、光谱等手段去检测马铃薯的品质，依据用户设定的分级指标，把不同级别的马铃薯分离。如图 2-1-9 所示的托盘式马铃薯检测分选线，利用提升和输送装置使马铃薯单粒有序上料。品质检测暗箱中可安装称重模块、图像识别模块、光谱检测模块。称重模块放置于托盘下，由低压驱动负荷传感器采集信号，利用低温漂电阻将信号放大，输出给模数转换模块，模数转换模块连接单片机完成数据通信和寄存器读写。图像识别模块由 LED 光源和相机组成，相机采集马铃薯多表面的图像，通过系统嵌入的机器视觉识别模型，可检测马铃薯如发绿、发芽、损伤、腐烂等外部品质指标。检测结果传输至分级与剔除设备的执行模块，依据用户设定的分级阈值，拨动托盘完成分选操作。

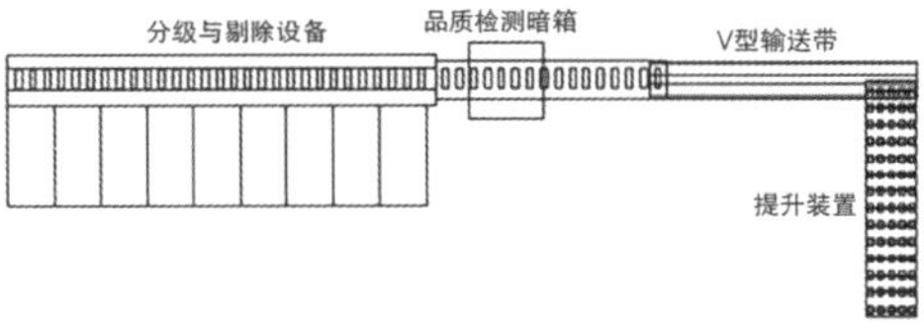

图 2-1-9　托盘式马铃薯检测分选线示意图

马铃薯鲜切半成品加工

马铃薯鲜切半成品是指新鲜马铃薯在采收后经挑选、清洗、整理、去皮、切制和包装等工序而加工成具有新鲜马铃薯品质的产品，是一种新型的加工产品，国际上称之为第四类蔬菜。与传统加工产品相比，不进行过度加工处理的蔬菜，既新鲜干净又方便省时，深受现代生活欢迎。我国鲜切蔬菜研究始于20世纪90年代，发展迅速，但从总体情况与现实需要相比较来说，关键技术研究较薄弱，产品品种较少。我国的蔬菜种植面积和产量均居世界首位，产量虽大，但工业化加工却比较落后，蔬菜产品缺少规格化、标准化管理，大部分蔬菜仍以原始状态上市，致使产品品质不高、市场售价低、竞争能力差，因此，大力发展蔬菜采后保鲜加工业，减少损耗，提高产品档次，是目前我国蔬菜产业（包括马铃薯产业）发展的重点。

鲜切半成品的主要用途

马铃薯鲜切半成品主要是将新鲜马铃薯清洗、去皮后切制为适宜的条（丝）、片、丁等形状，经过漂洗、护色、杀菌等工艺处理，在无菌环境下进行包装，货架期保持在7天以上（0 ~ 4 ℃）的马铃薯半成品制品，用于集中加工、分散配送的连锁餐饮店以及超市销售，供消费者方便烹饪食用。

鲜切半成品标准

马铃薯鲜切半成品目前尚没有相关的行业或国家产品标准，企业

表 2-2-1　马铃薯鲜切半成品产品感官指标

序号	项目	指标
1	外观	表面光滑，无明显淀粉析出，无失水现象
2	色泽	保持马铃薯原有颜色，无明显褐变
3	气味	应有的马铃薯风味，无异味
4	质地	保持鲜薯脆性

表 2-2-2　马铃薯鲜切半成品产品卫生指标

序号	项目	指标
1	无机砷（以 As 计）（mg / kg）	< 0.05
2	铅（以 Pb 计）（mg / kg）	< 0.1
3	镉（以 Cd 计）（m g / kg）	< 0.1
4	总汞（以 Hg 计）（mg / kg）	< 0.01
5	亚硝酸盐（以 $NaNO_2$ 计）（mg / kg）	< 4
6	菌落总数（CFU / g）	$< 5 \times 10^5$
7	大肠菌群	不得检出
8	致病菌	不得检出

根据国家政策、市场需求制定相应产品的企业标准，其质量指标应满足感官和卫生要求，见表 2-2-1、表 2-2-2。

鲜切半成品的加工工艺

马铃薯鲜切半成品加工工艺流程为：

马铃薯 → 清洗 → 去皮 → 修整 → 切制 → 漂洗护色 → 杀菌 → 沥水 → 称重包装

加工工艺描述：

马铃薯原料——选择成熟新鲜的马铃薯。严格去除发芽、发绿、腐烂、病变薯块。如有发芽或变绿的情况，必须将发芽或变绿的部分削掉，或者完全剔除，以保证马铃薯制品的茄碱含量不超过 0.02%，避免危及人身安全。

清洗——去除杂质，清洗马铃薯表面的泥土脏物，清洗后尽快加工。

去皮——去除清洗后马铃薯的

表皮，要求去皮干净、表面光滑，去皮后的马铃薯应减少与空气的接触以防止褐变。

修整——去除芽眼内的脏物、未去净的薯皮及腐烂部分，同时把形状过大的马铃薯进行预切，利于后续加工，一般由人工完成。

切制——按生产要求将马铃薯切制成条（丝）、片、丁等形状及规格。

漂洗护色——将切制成型后的马铃薯在常温下进行漂洗，去除表面的游离淀粉，利于后续加工，保证产品质量。同时，在漂洗液中加入护色剂，对马铃薯制品进行护色处理，护色液应满足食品级要求。常用的护色剂有柠檬酸、焦亚硫酸钠等。

杀菌——对护色后的鲜切制品进行杀菌处理，常用的杀菌方法为二氧化氯常温下杀菌。

沥水——采用吹风或振动的方法，去除杀菌后鲜切制品表面的水分，利于产品贮藏及保持风味。

称重包装——对产品进行真空包装、称重后低温（0 ~ 4 ℃）保藏，一般由人工完成。

鲜切半成品加工的主要设备

1. 输送设备

由输送带、动力系统、机架等部分组成，常用的有皮带输送机（见图 2-2-1）和刮板提升机（见图 2-2-2），适于倾斜角不大的物料输送。通过电机带动皮带，实现物料的输送。主要用于物料的投料、输送。

图 2-2-1　皮带输送机

图 2-2-2　刮板提升机

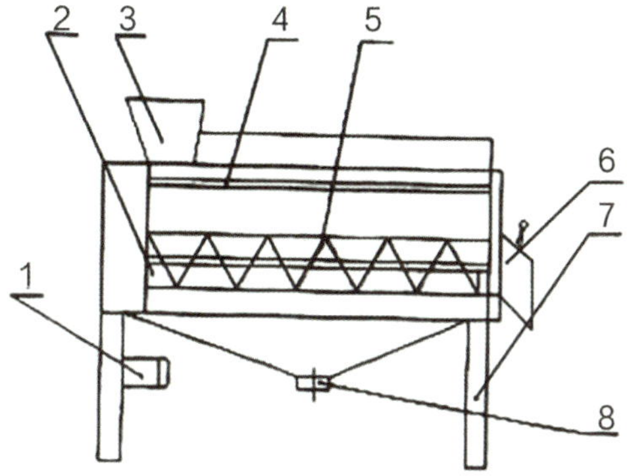

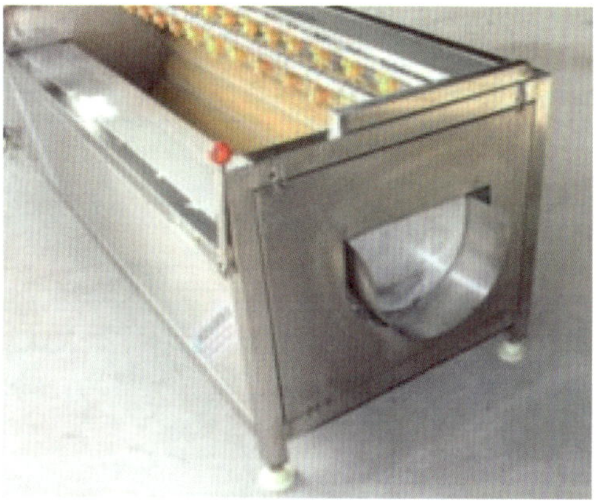

1. 减速机 2. 毛刷棍 3. 入料口 4. 喷水管 5. 输送螺旋 6. 出料口 7. 机架 8. 排皮浆口

图 2-2-3 毛刷式清洗机

2. 清洗设备

常用的清洗设备有毛刷式清洗机和螺旋式清洗机。

（1）毛刷式清洗机

毛刷式清洗机主要由毛刷辊、喷淋系统、动力系统和机架等部分组成，如图 2-2-3 所示。通过毛刷辊的转动，利用毛刷辊和马铃薯及马铃薯之间的相互摩擦，在喷淋水的作用下对马铃薯进行清洗，同时具有去掉薯皮的功能，结构简单，操作方便。

（2）螺旋式清洗机

螺旋式清洗机由一带漏斗排杂口的 U 形水槽和电机传动的螺旋刷组成，水槽上面有一排喷水口，漏斗排沙口上是一带孔的筛板。物料由清洗机一端进入，水槽中薯块相互碰撞与摩擦，同时与螺旋刷摩擦，薯块表面的泥沙被喷淋水冲洗而从另一端排出，实现薯块清洗。洗涤质量取决于原料的污染程度、清洗机的结构、薯块在清洗机中停留的时间、供水量等因素。如图 2-2-4 所示。

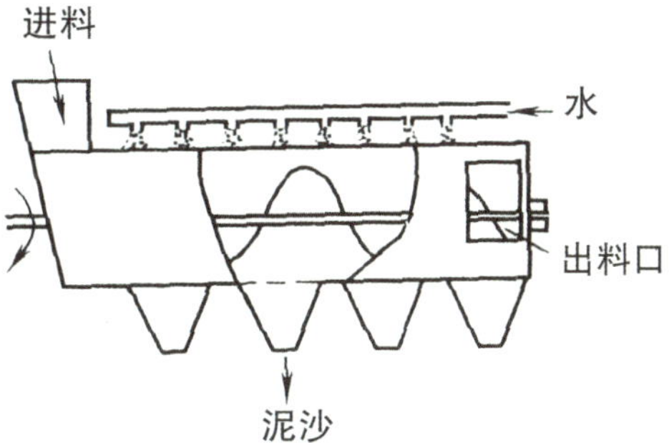

图 2-2-4 螺旋式清洗机结构示意图

3. 去皮设备

常用的去皮设备为摩擦去皮机，分为批次摩擦去皮机（立式摩

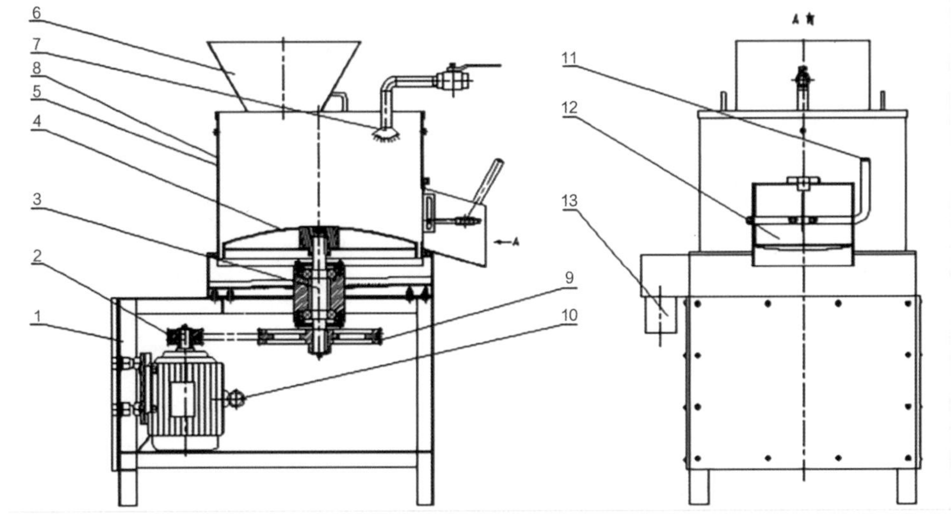

1. 机座 2. 皮带传动轮 3. 主轴 4. 波纹盘 5. 圆筒 6. 金刚砂 7. 喷水嘴 8. 进料斗 9. 皮带传动轮 10. 电动机 11. 出料把手 12. 排料舱门 13. 排污管口

图 2-2-5　批次摩擦去皮机结构示意图

擦去皮机）和连续摩擦去皮机（卧式摩擦去皮机）。

（1）批次摩擦去皮机（立式摩擦去皮机）

批次摩擦去皮机的使用原理为利用涂有金刚砂的转盘（底盘）及圆筒将置于转盘上的马铃薯随转盘旋转做翻滚及离心运动，使马铃薯表皮与转盘和圆筒内壁产生摩擦，从而将马铃薯表皮去掉。分批次投料，根据每次的投料量和去皮要求，调整去皮时间，加工后薯块在离心力的作用下由卸料口排出。主要由圆筒、转盘、动力系统和机架组成，转盘表面及圆筒内壁粘有金刚砂。如图2-2-5所示。工作时，圆盘旋转，圆盘表面为波纹状。物料从加料斗装入机内，当物料落到旋转圆盘波纹状表面时，因离心力作用而被抛向外侧，与筒壁的粗糙表面摩擦，从而达到去皮的目的。擦下的皮用水从排污口冲走，已去好皮的物料，利用本身的离心力作用，当舱口打开时从舱口卸出。水通过喷嘴送入圆筒内部，舱口在擦皮过程中关闭。卸料前，必须停止注水，以免舱口打开后水从舱口溅出。

（2）连续摩擦去皮机（卧式摩擦去皮机）

连续摩擦去皮机的去皮原理与批次摩擦去皮机相同，但设备的结构不同。主要由一组（6 ~ 8 根）

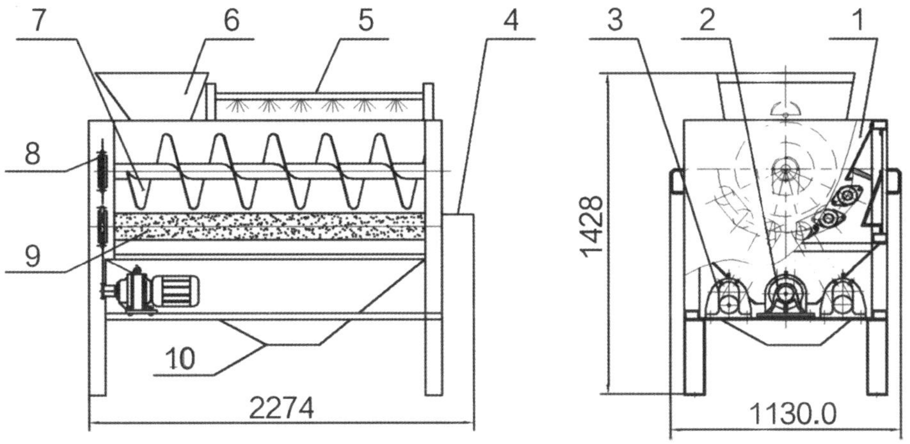

1. 作业箱 2. 送料减速电机 3. 砂辊减速电机 4. 排料口 5. 喷淋装置 6. 入料口
7. 螺旋推进器 8. 传动链轮 9. 砂辊 10. 排渣口

图 2-2-6 连续摩擦去皮机结构示意图

涂有金刚砂的摩擦辊、螺旋叶片轴、喷淋管、机架和电机传动装置等部件组成，如图 2-2-6 所示。马铃薯从上部的进料斗进入到螺旋轴的进料端，在螺旋叶片的推动作用下沿轴向前移。摩擦辊在电机及传动机构作用下自身旋转，马铃薯掉落在辊表面上，利用摩擦辊表面黏附的金刚砂对马铃薯进行摩擦，达到去掉薯皮的目的。在上部的喷淋水作用下，脱掉的薯皮被冲淋到底部的排渣口处集聚排放出机体。连续摩擦去皮机结构简单，可连续进料，通过调整螺旋叶片的转速还可控制摩擦时间并调节去皮效果。

无论是批次摩擦去皮机还是连续摩擦去皮机，由于采用黏结金刚砂进行摩擦，工作时间较长后都会出现砂粒脱落的现象，需要定期检查去皮机的金刚砂状况，必要时进行再次粘砂。

摩擦式去皮机具有坚固、使用方便和成本低的特点，但是当马铃薯形状不规则、芽眼较深的时候，需要的摩擦时间较长，也会带来较大的摩擦损失。

4. 切制设备

常用的切制设备有切片机、切丁机、切条（丝）机。

（1）马铃薯切片机

将去皮后的马铃薯切制成片，片厚均匀一致，表面平滑，厚度可调。由刀盘、刀片、动力系统、壳体及机架等组成。根据切削压力分为重力式切片机和离心力式（单刀）切片机。

重力式切片机是利用物料的重力使其压在旋转的刀刃上完成切片作业。在重力作用下物料顺滑道溜下，被逐个送入定位槽，在旋转切刀的切削力作用下被压紧在定位槽中，随之被旋转的切刀切下。工作时动力由电机通过皮带轮和圆锥齿轮传给刀盘，切刀随着刀盘的旋转在水平面切削物料，被切成片后垂直落下。这种切片机对滑道光洁度要求较高，同时物料的重力、尺寸、圆整度及光滑度的差异，使切削精度受到影响，处理量较离心力式切片机稍低。

离心力式（单刀）切片机是依靠物料的旋转离心力使物料压在刀刃上实现切片作业的。单刀式离心力式切片机主要由进料斗、推料转盘、刀体支座、机架、皮带轮、刀体、出料防护罩等部件组成，如图2-2-7所示。工作时动力由电机通过皮带轮传给推料转盘，带动其旋转。待薯块由料斗进入推料转盘上，并在转盘带动下转动，在离心力作用下压向切刀，切刀在薯块圆周运动的切点的垂直面切削，被切成的薯片沿出料防护罩方向垂直落下，完成切片功能。

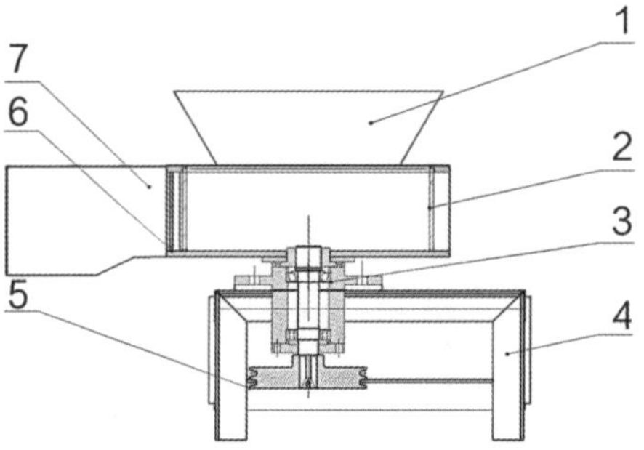

1. 进料斗 2. 推料转盘 3. 刀体支座 4. 机架 5. 皮带轮 6. 刀体 7. 出料防护罩

图 2-2-7　离心力式（单刀）切片机结构示意图

（2）马铃薯切条（丝）机

马铃薯切条（丝）机是利用机械装置产生的离心力作用在薯茎上，利用切割装置先切制成片、再切制成条的专用设备。因为离心力的作用和结构限制，切制的薯条要么不能按长度方向切割，要么存在一定的弧形弯曲，甚至出现菱形、楔形条。所以，马铃薯切条（丝）机一般只用于小型加工规模的场所。马铃薯切条（丝）机主要由进料斗、离心推进叶轮、腔体、切片定刀装置、厚度调节装置、导向压板、动刀装置、出料斗、电机与传动装置等部件组成，如图 2-2-8 所示。进料斗将马铃薯送进推进叶轮的中心部位，电机和传动机构使叶

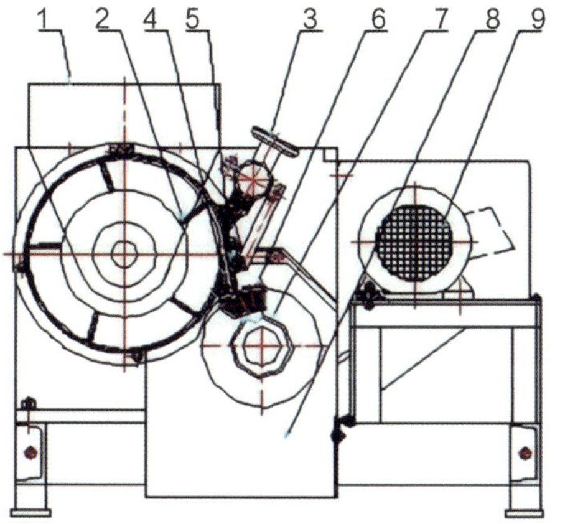

1. 进料斗 2. 离心推进叶轮 3. 厚度调节装置 4. 定刀 5. 导向压板 6. 动刀 7. 动刀装置 8. 出料斗 9. 电机与传动装置

图 2-2-8 马铃薯切条（丝）机结构示意图

轮产生较高速度的旋转，薯块由于叶轮离心力的作用紧贴在腔体圆周弧板上，随推进叶轮一道旋转，经厚度导向板后，遇到定刀装置后被切制成片状，成片状的原料被连续地推至动刀装置处，由旋转的动刀切制成条状后排出机体。

在切制不同规格的薯条时，首先要使用旋钮调整厚度导向板与腔体之间的间隙，即调整切片的厚度，通过试切检验厚度是否合适，然后选择对应规格的动刀装置，安装完毕后检验切割效果。

影响马铃薯切条（丝）机切条质量的因素主要有推进叶轮的转速、厚度导向板的稳定性、动刀辊的转速和结构以及切刀刃口的质量。马铃薯切条（丝）机工作状态的调整非常关键，调整不当时会产生大量的菱形条、薄片条、楔形条甚至碎条，造成原料的浪费。

（3）马铃薯切丁机

马铃薯切丁机主要由机架、物料推进器、刀具总成、传动系统等组成。其中切丁刀具总成由一组切片刀、一组环形刀以及一组横切刀组成。工作时，推进器刮板带动物料高速旋转，在离心力的作用下，借助切片刀（立刀）将被切物料切成片状，然后经过环形刀切成条状，并将被切物料送入横切断刀口，由横切刀切成所需要的立方体或长方体。

5. 漂洗（护色）设备

常用的漂洗设备为滚筒式漂洗机，如图 2-2-9 所示。它是由输料网带、水槽、滚筒和进料槽等组成。滚筒上分布有孔洞，内壁装有片状螺旋。滚筒出口装有导料板与网带输送机衔接。当滚筒以均匀速度转动时，偕同水流对物料进行翻动和输送，达到清洗物料表面游离淀粉的目的。滚筒式漂洗机是一种供块茎物料及其切片、切条漂洗的理想

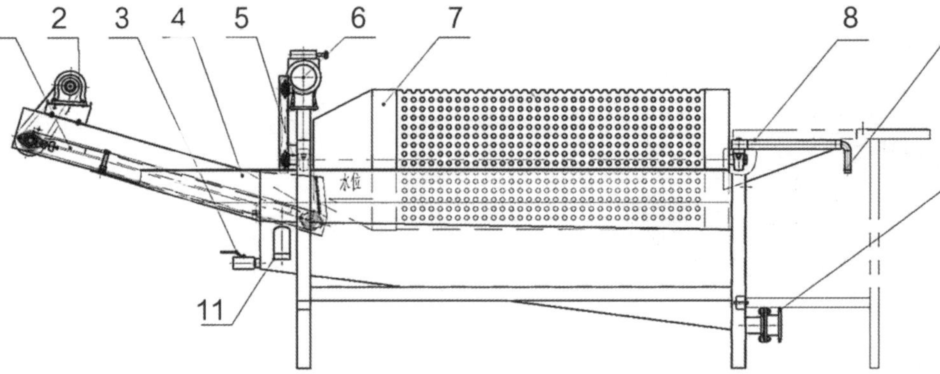

1. 输料网带 2. 输料减速机 3. 进水口 4. 水槽 5. 传动链 6. 滚筒减速机 7. 滚筒 8. 进料槽 9. 冲料水管 10. 排水口 11. 溢流口

图 2-2-9 滚筒式漂洗机结构示意图

设备。其结构简单、操作方便、性能好、效率高，可连续作业。根据物料漂洗程度的不同要求，可以相应调节变速机的速度以改变滚筒的转速，从而满足物料的漂洗时间和漂洗效果。使用时盛水槽中应注入足够的水量，并不断地向料斗泵水，保证物料连续均匀地送入滚筒进行漂洗。物料漂洗至出口端时，由导料板逐次把物料捞起，倒入输送网带上，随网带边输送边沥水。

6. 杀菌设备

杀菌设备与漂洗设备基本相同，工作时使用杀菌液即可。

7. 沥水装置

在杀菌设备的出料输送带上方安装吹风系统，即沥水装置，可有效去除杀菌后半成品表面的水分，保持马铃薯风味的纯净，也有利于真空包装时产品的储藏。

马铃薯脱水制品（薯干、薯片、薯丁）加工

马铃薯原料经过清洗、去皮、切制、干燥等工序后，可加工制成薯片（薄片）、薯干（厚片）、薯丁（颗粒）等不同形式的脱水产品。马铃薯脱水制品重量轻、体积小，方便运输和贮存，延长了马铃薯的贮存及食用时间。马铃薯脱水制品用途广泛，即可经过烹饪后直接食用，亦可作为配料添加到其他食品中改善风味，提升营养成分，增加特色食品的多样性。

脱水制品的主要用途

脱水马铃薯干、薯片是鲜薯经去皮、切片、护色后干燥而成的马铃薯制品，主要用于油炸后食用（休闲食品），也可用于烹饪菜肴，或作为其他马铃薯食品加工的原料。

脱水马铃薯丁是鲜薯经去皮、切丁、护色后干燥而成的马铃薯制品，具有柔和的马铃薯风味，主要用于汤、菜肴、沙拉等配制，进行风味调节。

脱水制品标准

马铃薯脱水制品（薯干、薯片、薯丁）目前还没有相应的国家或行业产品标准，企业根据国家政策、市场需求和自身的实际情况制定相应产品的企业标准。

脱水制品的加工工艺

脱水制品（薯干、薯片、薯丁）加工工艺流程：

马铃薯→清洗→去皮→修整→切制→漂洗→漂烫→冷却→干燥 →分级→称重包装

加工工艺描述：

马铃薯原料——选择固形物含量高、还原糖含量低的马铃薯用于加工，其出品率高，不易褐变。剔除发芽、发绿、腐烂、病变的原料薯。

清洗——去除杂质，清洗马铃薯表面的泥土污物，清洗后尽快加工。

去皮——去除清洗后马铃薯的表皮，去皮后的马铃薯应减少与空气的接触，防止褐变。

修整——去除芽眼内的脏物、未去净的薯皮及腐烂部分，同时把形状过大的马铃薯进行预切，利于后续加工。

切制（切片、切丁）——按生产要求将薯块切制成片或丁，一般薯片厚度 1.5 ~ 2 mm，薯干厚度 3 ~ 4 mm，薯丁边长 4 ~ 5 mm，切制后规格统一，利于后续加工的均匀一致。

漂洗——将切制的薯片（薯丁）进行漂洗，去除表面游离淀粉，利于后续加工及产品质量。

漂烫——漂烫温度为 70 ~ 80 ℃，漂烫时间根据马铃薯品种及切制规格确定，一般在 10 ~ 20 min 之间，起到灭酶防褐变的作用。

冷却——用常温水冷却漂烫过的薯片、薯丁、薯干，同时清洗其表面的糊化淀粉，以防止干燥时发生粘连现象。

干燥——用流化床或带式干燥机对冷却后的薯片、薯丁、薯干进行脱水干燥，干燥后产品含水量降到 10 % 以下，利于贮藏。

分级——根据产品标准的要求，按大小和颜色进行分级，使同一级别产品的大小和颜色尽可能一致。

称重包装——按产品市场销售规格进行称重包装，贮藏在阴凉、干燥、卫生的环境中。

脱水制品加工的主要设备

输送设备：见“马铃薯鲜切半成品加工”相关内容。

清洗设备：见“马铃薯鲜切半成品加工”相关内容。

去皮设备：见“马铃薯鲜切半成品加工”相关内容。

切制设备：见“马铃薯鲜切半

成品加工”相关内容。

漂洗设备： 见“马铃薯鲜切半成品加工”相关内容。

漂烫设备： 使马铃薯在水浴中发生轻微的淀粉糊化，改变细胞间的作用力，保证后续加工细胞完整；同时抑制酶褐变，有利于护色。

常用的为旋进式漂烫机，一种供根茎类物料加工进行漂烫工序作业的理想设备，其结构简单、操作方便、温度分布均匀、综合效率高，可连续作业。该设备主要用于对马铃薯切块、切片、切条的漂烫加热工序，也可用于萝卜、胡萝卜、苤蓝等其他物料的漂烫或蒸煮作业。根据物料漂烫工艺的要求，可以相应调节速度以改变转筒的转速，从而调整物料的漂烫时间；通过自动/手动控制调整蒸汽阀门，实现对漂烫液温度的控制，从而满足物料漂烫工艺的时间和温度要求。

旋进式漂烫机主要由输料网带、水槽、滚筒、进汽管、进料槽等部件组成，如图 2–3–1 所示。滚筒上方的保温罩上装有排汽筒，用户在使用前将其接至户外高于本设备 3 ~ 6 m 处，使加热时的蒸发水汽排放到室外。在贮水槽的底部安装有喷汽管，管上均匀分布有喷汽孔。温度控制装置对喷汽管内的蒸汽进行调节控制，蒸汽通过喷汽孔进入漂烫液中，与水混合从而加热或调节控制漂烫液的温度。机体外安装的循环水泵从水槽的后端抽吸漂烫液，经泵加压输送至水槽前端的进料口，将物料冲刷进入螺旋滚

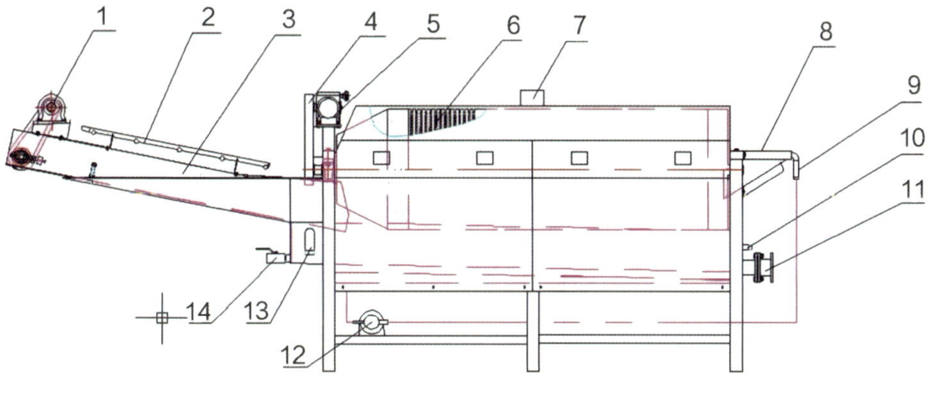

1. 输料电机 2. 喷淋系统 3. 出料输送网带 4. 传动系统 5. 驱动电机 6. 滚筒 7. 排气管 8. 进料槽 9. 冲料水管 10. 蒸汽进口 11. 排水口 12. 循环水泵 13. 溢水口 14. 进水口

图 2–3–1 旋进式漂烫机结构示意图

筒，并使漂烫液循环流动，达到温度分布更加均匀的目的。带有内螺旋的滚筒外壁上均匀分布有孔洞，有利于漂烫液均匀流经于物料之中，获得均匀的漂烫效果。滚筒出口装有螺旋状倾斜安装的导料板与网带输送机衔接，当滚筒转动时，偕同水流对物料进行翻动和输送，达到漂烫的目的。物料在内螺旋板的推动下移动至出口端时，由导料板逐次把物料捞起并推出，倒入输送网带上，由输送带将其送出，完成漂烫过程。

在输送网带上方安装有喷淋水装置，用户可以根据工艺要求开启阀门，喷洒自来水，对物料进行冲洗并降温，满足后续工序对物料的特性要求。输送网带出料端的高低，用户可以根据需要通过前端的左右两个螺栓进行调节。

冷却设备：漂烫后冷却起到固化细胞壁、保持产品风味的作用，其结构与滚筒式漂烫机结构基本相同，见后“马铃薯油炸薯片（鲜切）加工”相关内容，不同之处是冷却设备不需要加热系统，冷却后配有吹风装置，以便去除物料表面的水分。

干燥设备：马铃薯脱水制品的干燥方法除自然干燥外，多用箱式干燥机或带式烘干机进行干燥。

箱式干燥机的加热方式有蒸汽加热、燃气加热和电加热等，主要由箱体、加热系统、物料架（盘）和风机等组成，如图 2–3–2 所示。箱体的周围设有保温层，内部装有干燥容器、整流板、风机与空气加热器。根据热风的流动方向不同分为平流箱式和穿流箱式。平流箱式干燥机的热风流动方向与物料平

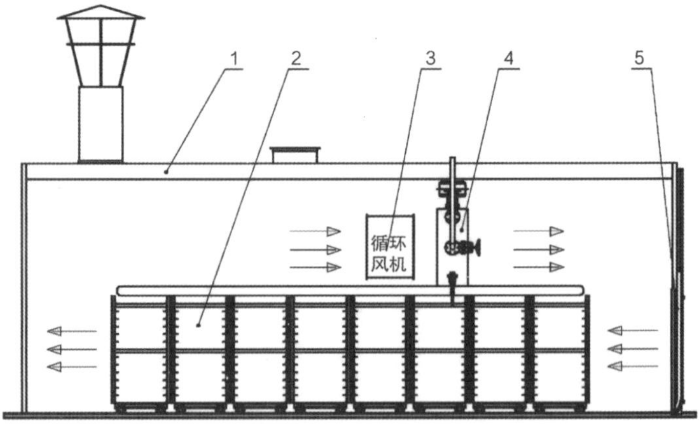

1. 设备箱体 2. 小车 3. 循环风机 4. 换热器 5. 出入口

图 2–3–2　带小车的箱式干燥机结构示意图

行，从物料表面通过，箱内风速根据物料品种及厚度调整。适于薯块、薯片等物料的小批量生产。

带式烘干机分为单层和多层网带形式，总体结构基本相同，主要由烘干箱体、输送网带、循环风机、热交换器、排湿风机和控制系统等组成。将物料置于输送带上，在随带运动的过程中与热风接触而完成干燥过程。干燥区域可分成两个干燥区：第一干燥区的热空气自下而上经加热器穿过物料层，第二干燥区是热空气自上而下经加热器穿过物料层。工作时，物料自进料口进入到输送带上，有的带式干燥机装有进料振动分布器，使物料在输送带上形成疏松的料层，随即通过第一干燥区，在该区内风压要适当，以免使物料抛起，然后通过到第二干燥区，物料得到均匀干燥。每个干燥区的热风温度、湿度和干燥时间均可调可控。如图 2-3-3 所示。

包装设备：小批量脱水制品可以采用人工称重（电子秤）、包装的方式进行，产量较大的可采用自动称量包装机进行。

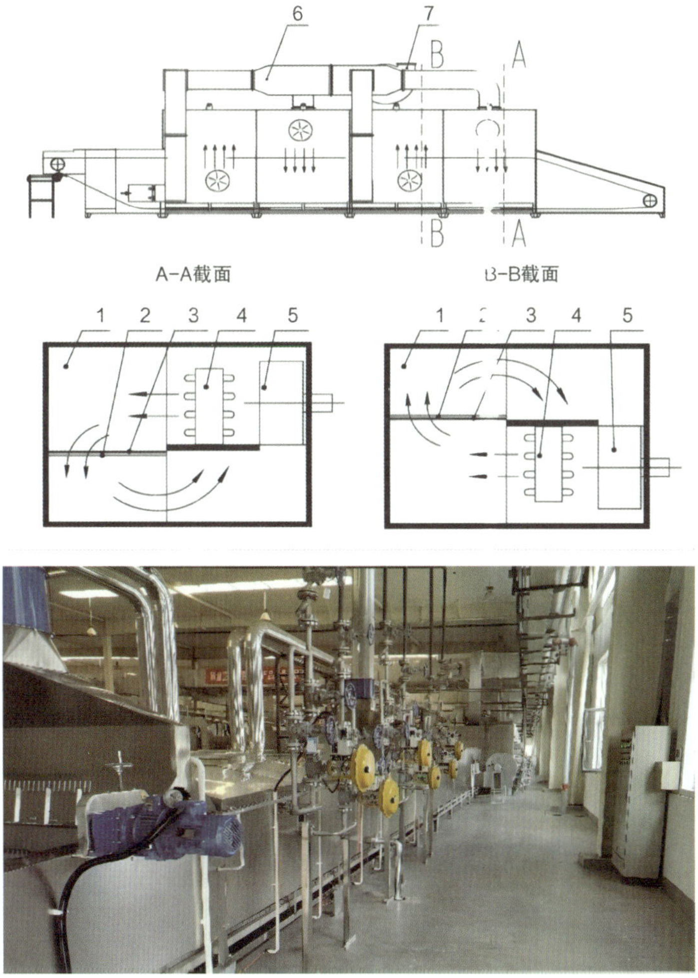

1. 箱室 2. 输送带 3. 物料 4. 加热器 5. 循环风机
6. 排湿管道 7. 排湿风机

图 2-3-3　带式干燥机结构示意图

马铃薯油炸薯片（鲜切）加工

油炸薯片于100年前在美国问世，当时多为手工作坊制作，1930年前后才有了小的炸片工厂。早期的油炸薯片生产线设备采用锅底直燃式加热，易造成煎炸油局部过热，油脂快速劣变，且设备维修难度较大。目前油炸形式主要采用在炸锅体外间接加热的方式，有利于延长煎炸油的寿命，且加热均匀，操作简单。我国的油炸薯片生产线有间断式和连续式两种类型。

油炸薯片的主要用途

鲜切油炸薯片是将新鲜马铃薯清洗、去皮、切片后，经漂洗、漂烫、油炸、调味而制成的休闲食品，脆酥适口，色香味美，已成为很多国家休闲食品市场份额的重要部分，尤其受到年轻消费者的青睐。

油炸薯片产品标准

现有的油炸薯片产品标准由中国轻工业联合会提出、国家工业和信息化部发布的行业推荐性标准《马铃薯片（条、块）》（QB / T 2686），该标准规定了马铃薯片（条、块）的要求、生产加工过程、检验规则、标签和包装、运输、贮存，描述了相应的试验方法，界定了相关的术语和定义，适用于以马铃薯为原料，添加或不添加其他配料，经油炸或烘烤加工制成的疏松或松脆的片状（条状、块状）的即食马铃薯制品，提出了马铃薯原料的要求和产品质量指标。

马铃薯原料要求：专用品种生产的薯块形状完整，大小整齐，无病虫害、腐烂、霉变、冻害、变

表 2-4-1　感官要求

项 目	要　求
形 态	形状基本完整，允许有部分碎片
色 泽	具有产品应有的色泽
滋味和气味	具有马铃薯经加工后应有的滋味，无焦苦味、哈喇味或其他异味
口 感	具有产品特有的疏松或松脆的口感
杂 质	无正常视力可见的外来杂质

表 2-4-2　理化指标

项　目		指　标
杂色片含量（%）	≤	40.0
脂肪含量（%）	≤	48.0
水分含量（%）	≤	5.0
酸价、过氧化值、污染物限量、真菌毒素限量、微生物限量及食品添加剂的使用		应符合 GB 17401 的规定

绿和发芽等症状，块茎干物质含量≥ 19.5 %，还原糖含量≤ 0.25 %。

产品的质量要求：在 QB / T 2686 标准中，规定了油炸薯片产品的感官要求和理化指标等，见表 2-4-1、表 2-4-2。

油炸薯片的加工工艺

油炸薯片的加工工艺流程：

原料 → 清洗 → 去皮 → 修整 → 切片 → 漂洗 → 漂烫 → 脱水 → 油炸 → 沥油 → 拣选 → 调味 → 冷却 → 包装

工艺流程描述：

原料——油炸薯片的原料薯要求最大长度≤ 90 mm、最小直径≥ 40 mm、还原糖含量≤ 0.25 %、干物质含量≥ 19.5 %。原料在投入生产之前首先需对其成分进行测定，关键是还原糖含量的测定。当还原糖含量达不到要求时不易进行生产，仍需继续预置，直到糖分达到标准时为止。薯块无霉变腐烂、发芽及病虫害等现象。

清洗——去除薯块表面的泥土及污物。

去皮——采用机械去皮方法去除薯块表皮。

修整——对未彻底去皮的薯块进一步清理，去除原料上的芽眼、霉变等不宜食用的部分，拣出有损伤的马铃薯，并将个别不规则的薯块整形。

切片——以均匀速度将原料送入离心式切片机，将去皮马铃薯切成薄片，厚度 1 ～ 1.5 mm，应均匀一致，表面平滑，否则会影响油炸后产品色泽和含油量的一致性。目前市场上有平片和波纹片两种片形。

漂洗——切后的薯片应立即进行漂洗，通过漂洗除去薯片表面因切割时细胞破裂而生成的游离淀粉和可溶性物质，避免薯片在油炸时互相粘连。

漂烫——在 70 ～ 85 ℃ 的热水中，烫漂 3 ～ 5 min，对薯片进行灭酶，保证在加工过程中不发生褐变，有利于油炸后获得色泽均一且较浅的产品。

脱水——去除漂烫后薯片表面的水分，热风温度为 50 ～ 60 ℃，以减少油炸时间，降低成品的含油率。马铃薯的比重越高，油炸片的含油率就越低。有资料显示，油炸前将薯片的水分降低 25 %，油炸后油脂含量可减少 6 % ～ 8 %。

油炸——油炸温度 160 ～ 180 ℃、油炸时间 100 ～ 180 s，根据马铃薯原料的品种和成分含量进行调整，保证油炸薯片产品的品质要求。油炸是炸鲜薯片的关键工序。油炸前应将烫漂后的薯片尽量去水，薯片表面和内部的水分越少，所需油炸的时间越短，产品中的含油量也就越低。在一定范围内，温度越高，吸油量越少。薯片还原糖含量高时，油温一般低些好，在油温不变时，薯片油炸时间长，其含油量增高。油炸所用的油脂须为精炼油脂，如精炼棕榈油等。为防止成品在放置时与空气接触和受光线影响而引起氧化酸败，一方面是炸油应选择不易被氧化酸败的高稳定性油，如米糠油具有不易酸败的特点，棕榈油具有稳定性高的特点；另一方面是要往炸油中加入适量抗氧化剂如 BHT(二丁基羟甲基苯、食品级，用量为炸油的 0.02 %) 和抗氧化增效剂如柠檬酸（用量为炸油的 0.05 %）。从油的风味来比较，米糠油、菜籽油等油味太浓，棕榈油等比较清淡，氢化油有奶油风味。常用油炸薯片的食用油为棕榈油，其无色无味，可以很好地保持马铃薯特有的味道。

沥油——采用热风吹以降低薯片中的含油量。油炸薯片是高油分食品，在保证产品质量的前提下，应尽量降低其含油率，延长产品保质期。

拣选——将油炸后不合格品通过人工拣出。

调味——油炸后的薯片通过调味机着味后，制成风味各异的产品。调味料为复合型调味料，国际市场比较流行的风味有咖喱味、辣味等。我国目前炸薯片用的调味料有五香牛肉味、鸡肉味、牛肉味、麻辣味、烧烤味等，一般加入量为1.5％～2.0％。

冷却——将着味后的薯片自然冷却至室温，方可包装。

包装——为便于产品保存、运输和保鲜，调好味的炸薯片经冷却、称重后进行包装。包装袋应符合国家食品卫生要求的有关标准。为延长保质期，多采用铝塑复合袋充氮气包装。包装袋应密封可靠，防止漏气继而破碎、氧化等情况的出现。

油炸薯片加工的主要设备

输送设备：油炸薯片加工常用的原料输送设备为刮板提升机，产品输送设备为皮带输送机，见“马铃薯鲜切半成品加工”相关内容。

清洗设备：油炸薯片加工常用的清洗设备为毛刷式清洗机和螺旋式清洗机，见“马铃薯鲜切半成品加工”相关内容。

去皮设备：油炸薯片加工常用的去皮设备为摩擦去皮机，见“马铃薯鲜切半成品加工”相关内容。

切片设备：油炸薯片加工常用的切片设备为离心力式（多刀）切片机，如图2-4-1所示，主要由电机、皮带轮、锥齿轮、进料斗、推料转盘、刀体支座 、8套装有切刀的刀体等部分组成。8套刀在与薯块圆周运动的切线平行处，沿圆周方向均匀分布安装。工作时动力由电机提供，经皮带、锥齿轮传动，带动推料转盘旋转，待薯块由料斗

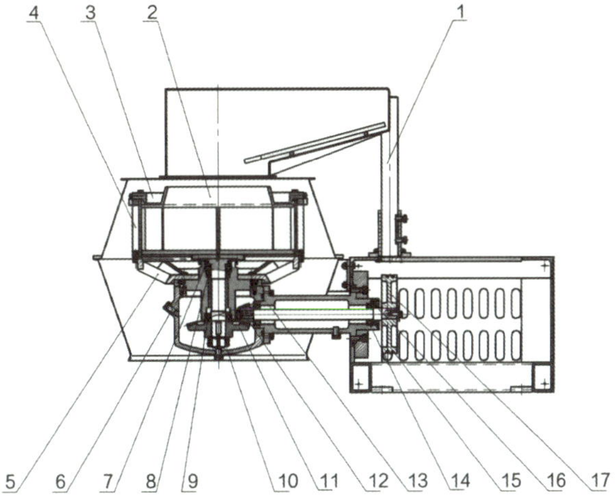

1. 进料斗 2. 推料转盘 3. 刀体支座 4. 刀体 5. 锥齿轮 6. 皮带轮

图 2-4-1　离心力式（多刀）切片机结构示意图

进入推料转盘并在转盘带动下沿刀架内侧转动，在离心力作用下压向切刀，切刀在薯块圆周运动的切点的垂直面切削，被切成的薯片落下，完成切片功能。这种切片机刀片多、效率高、生产能力大，片的光滑度和厚度及精确度较好，但机械组成较复杂，对加工精度要求高，成本较高。使用时对 8 个刀片间隙的调节相对较烦琐。

漂洗设备：油炸薯片加工常用的漂洗设备为滚筒式漂洗机，见“马铃薯鲜切半成品加工”相关内容。

漂烫设备：油炸薯片加工常用的漂烫设备为滚筒式漂烫机，如图 2–4–2 所示。主要由输料网带、水槽、滚筒和进料槽等组成。输料网带上装有脱水系统，以减少漂烫后薯片进入油炸机的水分。使用时盛水槽中应注入足够的水量，然后接通高温蒸汽与水混合加热，水温应达到 70 ~ 90 ℃，进料应均匀，保证漂烫效果；根据漂烫程度的要求，调节变速机转速从而改变转筒的转速，以调整漂烫的时间；物料漂烫至出口端时，由导料板逐次把物料捞起，倒入输送网带上，随网带的移动边输送边沥水，同时向物料吹热风，加快物料表面水分的蒸发；水槽中应随时补充水、蒸汽，保持要求的水温。

脱水装置：见上“漂烫设备”，在滚筒式漂烫机的出料输送带上方安装吹风系统，即脱水装置，尽可能去除漂烫后薯片表面的水分。

油炸设备：根据油炸机的加热

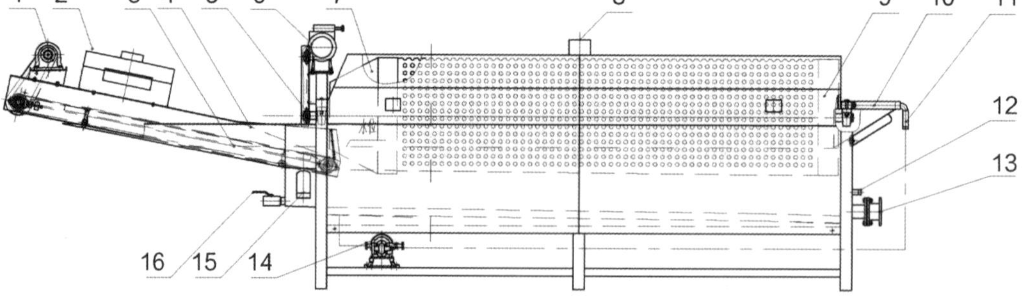

1. 输料减速机 2. 脱水系统 3. 输料网带进水口 4. 水槽 5. 传动链 6. 滚筒减速机 7. 滚筒 8. 排汽筒 9. 保温罩 10. 进料槽 11. 冲料水管 12. 进汽管 13. 排水口 14. 循环水泵 15. 溢流口 16. 进水口

图 2–4–2 滚筒式漂烫机结构示意图

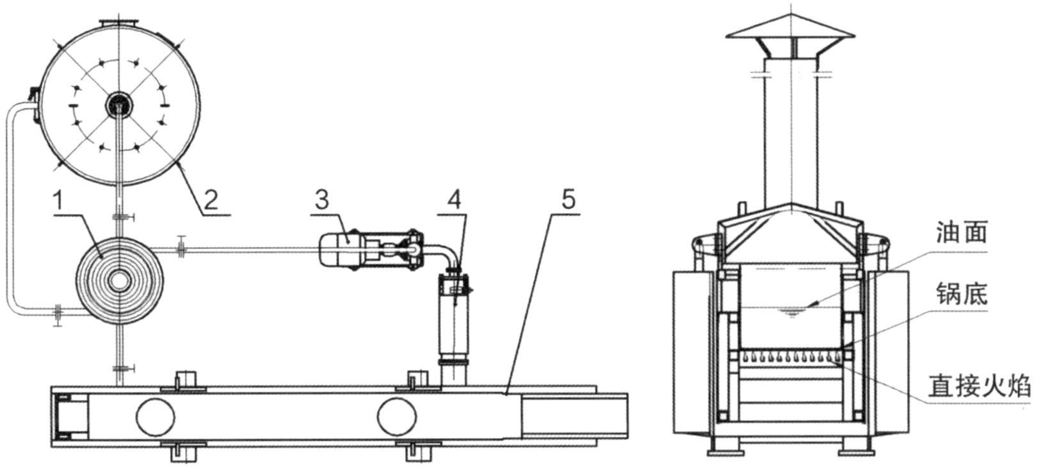

1. 热交换器 2. 储油罐 3. 精滤装置 4. 粗滤装置 5. 油炸机

图 2–4–3　炸锅体外间接（换热器）加热平面布置示意图

方式，连续式油炸薯片生产线有两种加热形式，即锅底直燃式加热油炸机和体外间接加热式油炸机。鲜切薯片油炸机常采用炸锅体外间接（换热器）加热方式，加热均匀，油温易控制，可避免煎炸油局部过热，有利于延长煎炸油的寿命，如图 2–4–3 所示。

连续式薯片油炸机由拨料机构、传动链条、油炸减速器、排烟囱、烟罩、压料网带、出料链条以及出料减速器等组成，如图 2–4–4 所示。

将已漂烫脱水的薯片送入油槽中，薯片进入油炸机后，在油槽的

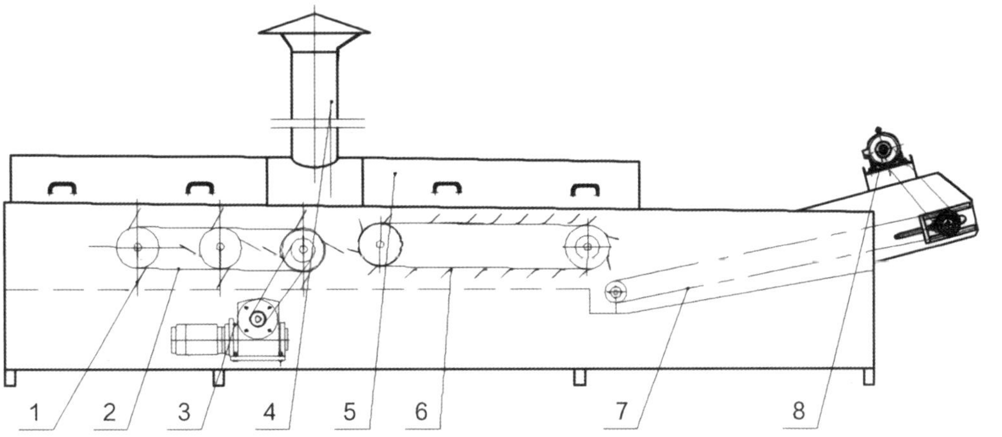

1. 拨料机构 2. 传动链条 3. 电机 4. 排烟囱 5. 烟罩
6. 压料网带 7. 出料链条 8. 出料带减速电机

图 2–4–4　连续式薯片油炸机结构示意图

前段处于自由状态。随后进入拨轮搅拌段，使薯片水分进一步蒸发。拨料机构的作用就是将上浮的薯片压入油内，翻动薯片防止粘连，且使薯片受热均匀。经过拨轮的薯片，水分大量蒸发，此时薯片处于上浮状态，会产生露出油面的薯片水分蒸发不彻底，造成薯片夹生。因此，在拨轮区后面设置压带，让薯片在该区仍在炸油中进行水分蒸发、干燥，压料带上设置有拨板，以保证按一定时间油炸并出料。该段的速度应和前段拨轮的线速度一致，保证进入炸机的薯片顺利被送出，因为速度的不匹配会造成薯片在油槽内的堆积。后段设置的压带输送将马铃薯片压入油内并匀速前移，之后薯片被送入出料带。出料带主要是让薯片从油槽中输出，满足连续生产的需要。到达出料带的薯片内所含水分基本上达到了产品要求，不会产生粘连等现象，这样就可以将出料带速度降低。当薯片从高温油中送出后，薯片表面的油分和一些水分还要在此蒸发。经过此段的停留，一方面可以沥去薯片表面油分，另一方面使薯片脆度增加，产生酥脆感。最后，完成油炸的薯片被送入下一道工序。

油炸产生的水蒸气通过排烟囱排出，冷凝水通过收集器下排。在高温油中，煎炸油温度可以高达190 ℃，而马铃薯片温度仅为100 ℃，即水在常压下从液态变为蒸汽的相变温度。有水存在时，薯片表面会形成一层蒸汽膜，不会因脱水过度且温度过高而导致炸焦。换句话说，有水蒸汽膜存在，该部位就不会炸焦。

沥油装置：见“油炸设备”，在连续式薯片油炸机的出料输送带上方安装吹风系统，即沥油装置，采用热风吹去薯片表面的附油，同时出料输送带的特殊结构使炸后的薯片尽可能竖立排列，利于沥油，降低薯片含油量。

调味设备：油炸薯片加工的调味设备常采用滚筒式调味机，如图 2-4-5 所示，主要由调料传动机构、调料机构支架、调料盒、拨料机构、撒料机构、拌料滚筒、料翻动机构、减速器等组成。撒料机构由喂料螺旋及调料管组成，喂料螺旋安装在调料管内，调料管的筒壁上均匀地设有若干调味粉出口。通过调节调料传动机构可以控制出料

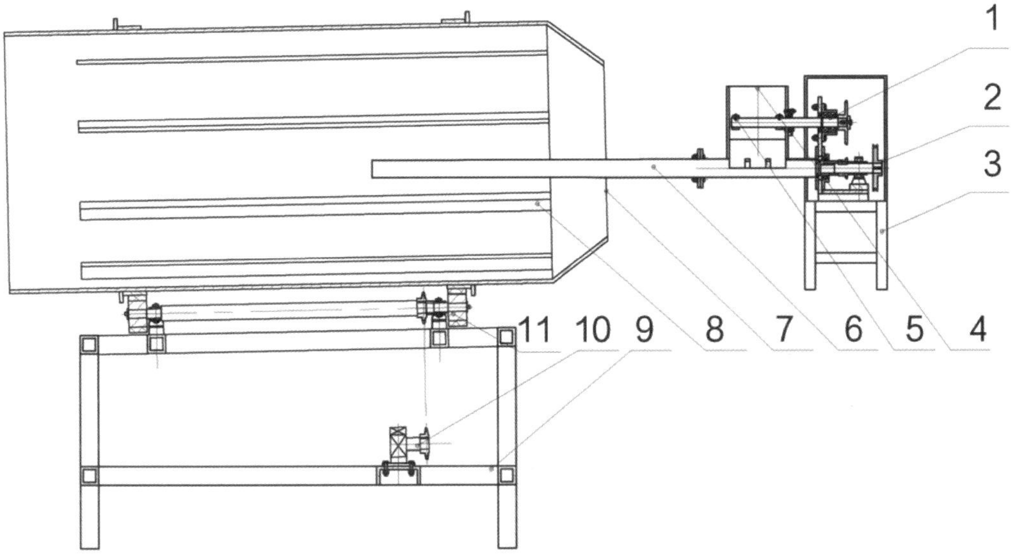

1. 调料传动机构 2. 防护罩 3. 调料机构支架 4. 调料盒 5. 拨料机构 6. 撒料机构 7. 拌料滚筒 8. 翻动机构 9. 滚筒机架 10. 减速器 11. 滚轮

图 2-4-5 滚筒式调味机结构示意图

口的调味粉流量，以适应生产不同口味薯片的需要。工作时，动力经调料传动机构传给拨料机构和撒料机构。调料从料斗通过拨料机构和撒料机构均匀地送入拌料滚筒。由于滚筒的旋转，薯片和调料被混合均匀，即达到调料入味的目的。喂料螺旋转速可无级调速，从而实现调料喂入量的无级调节。

包装设备：油炸薯片的计量包装设备常采用称重组合式定量包装机，如图 2-4-6 所示，主要用于薯片、膨化食品、小食品等物料的称重包装，由振动给料斗、“Z”形提升机、组合秤进料斗、分配料斗（10 或 14 个）、称重斗（10 或 14 个）、整理斗、包装机进料斗、反领式充气包装机、成品输出带等组成。工作时物料经振动给料斗、“Z”形提升机进入组合秤进料斗。通过传感机构测得某个分配料斗料已清空即通过自动进给机构补充。传感器测得各称重料斗内物料的重量，从 14 个（或 10 个）称重斗中选其中 4 个组合成为 1 个包装袋的物料重量。通过电脑计算，从大量组合方式中瞬时选出其中 1 个最佳重量组合。这种组合称重计量方式精度非常高。在称重的同时，即刻打开这四个称重料斗仓门，物料进入包装机进料斗。在反领式充气包装机内完成制袋、进料、充气、封口、切断等动作，落入成品输出带送出，完成计量包装。

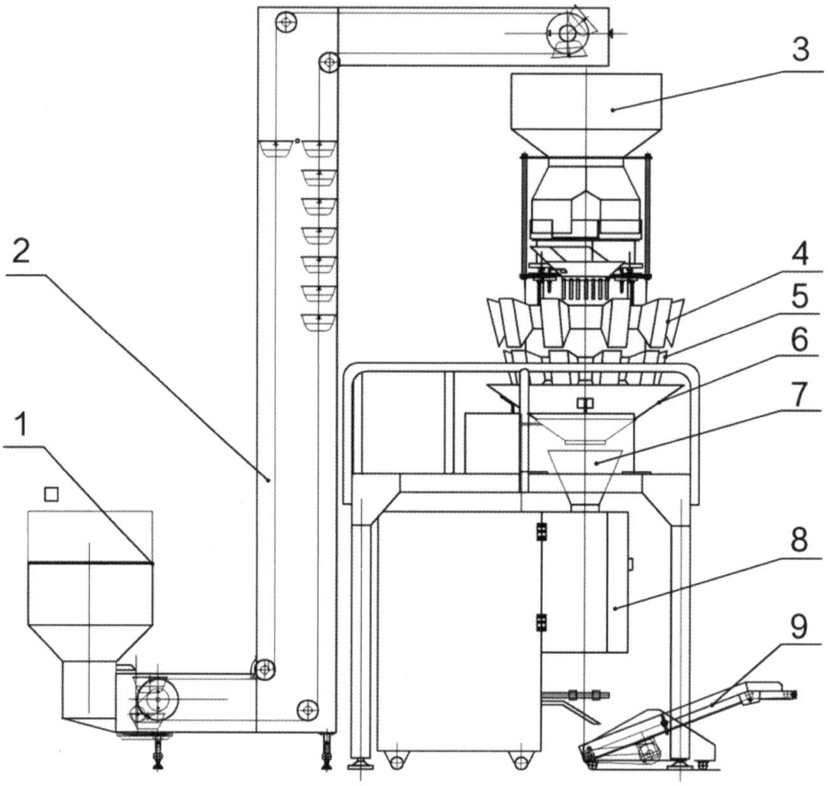

1. 振动给料斗 2. "Z" 形提升机 3. 组合秤进料斗 4. 分配料斗 5. 称重斗 6. 整理斗 7. 包装机进料斗 8. 反领式充气包装机 9. 成品输出带

图 2-4-6 称重组合式定量包装机

马铃薯复合薯片加工

马铃薯复合薯片是以马铃薯全粉为主要原料生产的一种休闲食品。与马铃薯油炸薯片（鲜切）相比，复合薯片一般以马铃薯全粉、淀粉和添加剂等为原料压制成薄片，再利用模具切割成大小相同的片状，一般为马鞍形，其口感酥脆，含油量较低。

复合薯片产品标准

现有的复合薯片产品标准是由中国轻工业联合会提出、国家工业和信息化部发布的行业推荐性标准《马铃薯片（条、块）》（QB / T 2686），该标准规定了马铃薯片（条、块）的要求、生产加工过程、检验规则、标签和包装、运输、贮存，描述了相应的试验方法，界定了相关的术语和定义，适用于以马铃薯粉为主要原料，添加或不添加其他配料，经油炸或烘烤加工制成的疏松或松脆的片状（条状、块状）的即食马铃薯制品。

产品的质量要求：在 QB / T 2686-2021 标准中，规定了复合马铃薯片（即复合薯片）产品的理化指标，见表 2–5–1。其感官要求和安全指标，该标准没有单独列出，即可视为复合薯片的感官要求与“马铃薯片（条、块）”的感官要

表 2–5–1　理化指标

序号	项 目	指 标
1	杂色片含量（%）　≤	5.0
2	脂肪含量（g / 100 g）≤	45.0
3	水分含量（g / 100 g）≤	5.0

求相同。

复合薯片的加工工艺

复合薯片的加工工艺流程：

原料、辅料→混合→和面→压片→滚切成型→连续油炸→调味→计量包装

工艺流程描述：

复合薯片的加工主要由四个工段组成，分别为前加工工段，压片工段，切片工段和油炸、调味工段。

前加工工段——按工艺配方，加工复合薯片的主要原料为马铃薯全粉，主要辅料为马铃薯淀粉、α淀粉、食品添加剂等，将原料、辅料定量配比、给料，拌粉混合均匀后，按工艺要求加入一定量的水进行和面，将着水均匀的混合粉输送至压片工段。

压片工段——将混合粉料摊铺均匀，进入压片机，经轧辊压制成工艺要求厚度（0.5 ~ 0.7mm）的薄片。

切片工段——将厚度均匀的薄片经过滚切机切制成椭圆形片，边角料可以回收，并经过粉碎再添加到之前加工的给料拌粉中，椭圆形片料则被输送到连续成型油炸设备。

油炸、调味工段——把椭圆形片料放入油炸设备的输送网带上，在油炸过程中（油炸温度 150 ~ 180℃、油炸时间 30 ~ 50s），片料由压模和输送网带固定，利用油炸产生的浮力使片料紧贴压模以保证薯片的弯曲度和形状均匀一致，从而完成油炸定型。油炸后的薯片经过调味设备被均匀地喷洒上调味料，成为最终产品。

复合薯片加工的主要设备

根据复合薯片加工的工艺流程，配套加工设备。复合薯片加工的主要设备包括原辅料混合搅拌设备、定量给料设备、和面设备、压片设备、滚切成型设备、粉碎回收设备、油炸设备（含加热及油过滤系统）、调味设备、输送设备、计量包装设备、智能控制设备等，按照生产能力和工艺参数选择不同型号的设备以满足加工要求。

马铃薯速冻薯条加工

马铃薯速冻薯条，又称法式炸薯条、薯条、油炸薯条等，是指将新鲜马铃薯经清洗、去皮、切条、分级、漂烫、调理、脱水、油炸、预冷后快速冷冻而制成的一种马铃薯加工半成品，需在冷冻状态下保存、流通和销售。食用前不需解冻，经二次油炸熟化即可食用，外酥里嫩，薯香浓厚，佐以番茄酱等配料味道更佳。

速冻薯条的主要用途

速冻薯条是指用新鲜马铃薯经去皮、切条、漂烫、干燥、油炸和速冻等工序加工制成的半成品，其主要成分是马铃薯和食用油及少量食品添加剂。食用前需经 180 ℃左右的食用油复炸 2 ~ 5 min，炸后配以少许食用盐或番茄沙司即可食用。

速冻薯条亦称冷冻薯条、油炸马铃薯条，行业内多称为速冻薯条，与市场上销售的美国大薯条、法式薯条等产品同为一类，加工工艺略有差异。图 2-6-1 展示的样品是速冻薯条经复炸后食用前的状态。速冻薯条是西方国家的一种传统快餐食品，是麦当劳、肯德基等快餐店中销售的主要食品之一，近年来在我国的快餐消费市场中普及迅速，消费量很大。

图 2-6-1　速冻薯条复炸后照片

速冻薯条产品标准

现有的速冻薯条产品标准由中国食品工业协会马铃薯食品专业委员会提出、国家商务部发布的行业推荐性标准《马铃薯冷冻薯条》(SB/T 10631)，该标准规定了马铃薯速冻薯条的术语和定义、要求、试验方法、检验规则、标识、包装、运输和贮存，适用于鲜马铃薯经清洗、去皮、切条、漂烫、干燥、油炸，再经预冷、冷却、低温贮存，在冻结条件下运输及销售，食用时需再次加热的薯条制品，提出了速冻薯条的马铃薯原料要求和产品质量指标。

马铃薯原料要求：马铃薯应符合农业农村部发布的行业推荐性标准《加工用马铃薯 油炸》（NY/T 1605）中薯条加工用块茎的要求。通常应满足表 2–6–1 的要求。

速冻薯条产品的质量要求：在 SB / T 10631 标准中，规定了薯条产品的感官要求和卫生指标，见表 2–6–2。

速冻薯条产品的理化指标，企业根据国家政策、市场需求，参照国外产品质量制定企业标准，其理化指标如表 2–6–3。

表 2–6–1　速冻薯条的马铃薯原料要求

序号	项 目	要　求
1	外形与尺寸	薯形整齐，圆形或近似圆形（直径 4.0 ~ 10.0 cm），薯块芽眼几乎与表皮齐平（深度小于 2 mm），无损伤，单薯重量≥ 160 g
2	薯肉特征	均匀一致，白色或浅黄色最佳
3	病虫害情况	无病虫害，无冻害，无变绿、发芽、空心状
4	品质指标	还原糖含量≤ 0.20 %，干物质含量≥ 20 %，淀粉含量为 14.0 % ~ 17.0 %

表 2–6–2　速冻薯条产品感官要求和卫生指标

序号	项 目	要 求
1	形 态	条形完整，无明显碎屑
2	色 泽	色泽基本均匀，无油炸过焦的颜色
3	气 味	具有薯条固有的气味，无异味
4	杂 质	无肉眼可见的杂质、异物
5	污染物限量	铅的限量应符合 GB 2762 中谷物及其制品的规定
6	微生物限量	金黄色葡萄球菌、沙门氏菌应符合 GB 19295 生制品的规定

表 2-6-3　速冻薯条产品理化指标

序号	项 目	指 标
1	水分（%）	60 ～ 70
2	脂肪（%） ≤	8
3	二氧化硫残留量（g / kg）≤	0.01
4	焦磷酸钠含量（g / kg） ≤	1
5	酸价（以脂肪计）（KOH）（mg / g）≤	3.0
6	过氧化值（以脂肪计）（g / 100 g）≤	0.25

包装与贮藏要求：速冻薯条产品的包装容器和材料应符合国家相关的卫生标准和有关规定。产品应贮存在 −18 ℃ ± 2 ℃ 清洁、干燥、无异味的冷藏库内，不得与有毒、有害、有异味的物品或其他杂物混贮。

速冻薯条的加工工艺

速冻薯条加工工艺流程：

马铃薯原料在加工成速冻薯条的过程中要进行原料前处理、切制成型、漂烫调制、脱水油炸、速冻包装等工段的连续处理，主要工艺流程如下：

马铃薯预置 → 分选 → 除石清洗 → 去皮 → 修整 → 切条 → 分级 → 漂烫 → 调理 → 脱水 → 油炸 → 沥油 → 预冷 → 速冻 → 计量包装 → 冷藏

工艺流程描述：

马铃薯预置、分选——要求原料外观整齐，大小均匀，表皮光滑，无严重畸形、病害、腐烂、变绿等。经过预置（在库温 7 ～ 15 ℃ 的环境下储藏 15 ～ 20 天）和分选处理后用于薯条加工的原料，在进入生产线前应进行还原糖、干物质含量等指标的检测，符合加工工艺要求的马铃薯方可用于加工。

除石清洗——利用清洗和流送设备除去马铃薯表面的泥沙和夹杂的异物（石头）等，防止损伤设备。

去皮及皮薯分离——采用机械摩擦或蒸汽去皮的方式除去马铃薯表皮并在皮薯分离后及时喷淋护色，防止去皮后的马铃薯表层氧化褐变。

修整——通常采用人工方式对马铃薯原料进一步除去未去净的薯皮、芽眼、不规则部分以及局部伤

坏的部分。

切条——根据生产要求切成不同规格的薯条，同时用水冲洗表面游离淀粉。要求截面规整，表面光滑，条形较直。

分级——按照产品规格，将不满足尺寸要求的短条（小于30 ~ 50 mm）、碎屑、边角条等分离出去，提高产品规格和质量。

漂烫——将切好的薯条置于70 ~ 90 ℃热水中进行漂烫，达到薯条通体呈半透明、熟化程度均匀一致的状态。漂烫的作用是对薯条进行灭酶，保证原料在加工过程中不发生褐变。漂烫可以采用一级或两级漂烫的方式进行。

调理——在调理设备中加入品质改良剂，对薯条进行一定时间的浸泡，改善薯条的表面组织结构，以利于产品最终获得均匀一致、外焦里嫩的口感。

脱水——使用烘干设备去除薯条表面的附着水和部分内部水分，使薯条的含水量达到工艺要求，便于油炸。

油炸——在一定温度下，经过一定时间的油炸后，将薯条的含水量进一步降低，达到表面平整无气泡、无焦黄边角的状态。油炸温度150 ~ 180 ℃、油炸时间30 ~ 120 s，根据马铃薯原料的不同品种及成分进行调整。

沥油——采用振动等方式沥去薯条表面多余的油脂。

预冷——为提高速冻效率并减少能耗，利用室外冷空气或机械制冷等方式对油炸后的薯条进行冷却降温。

速冻——在较短时间内进行深度冷冻，使薯条中心温度快速降到 −12 ~ −18 ℃，这样薯条内部结冰晶体细密、均匀，薯条保鲜期长，贮藏质量好，产品油炸后口感好。

计量包装——按产品市场销售规格进行称重包装，要求环境温度0 ~ 5 ℃，包装时间尽可能短，防止薯条吸潮后发生粘连现象。

冷藏——包装完好的产品进入冷藏库冷藏，冷藏温度为 −18 ℃以下。

速冻薯条应在冷藏状态下运输及销售。整个销售过程必须在冷冻状态下进行。

速冻薯条加工的主要设备

分选设备：马铃薯速冻薯条加工原料常用的分选设备见“马铃薯分选（分级、检测）与包装”相关内容。

除石设备：鉴于马铃薯加工薯条的工艺要求，常用于去除马铃薯表面石块等密度大的杂质的设备为立式除石机和浮选式除石机。

立式除石机如图 2-6-2 所示，主要由动力系统、螺旋提升、水槽、机架等部件组成。该机是立式带有锥形底及石块收集器的圆柱体，机身内装有螺旋轴，螺旋轴经锥齿轮及减速机带动。石块收集器的锥底部装有阀门，以便开闭。在石块收集器的下面装有进水管，加入一定压力的水后，形成向上的水流，借助水的浮力使马铃薯向上浮起，由螺旋提升至设备上端排出，相对密度大的石块类杂质则落在底部的收集器内，实现了薯石分离。随着石块的积累，需要定期打开阀门，排出石块。该设备一般情况下对马铃薯的处理量为 3 ～ 12 t / h。

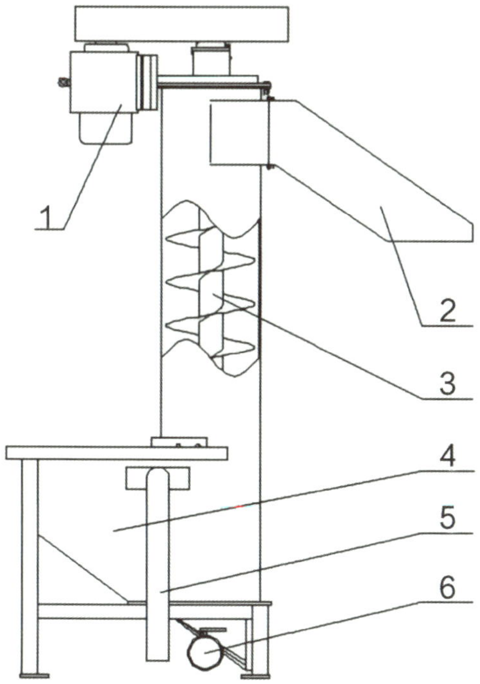

1. 电机 2. 出料斗 3. 螺旋 4. 料槽 5. 溢水口 6. 排污口

图 2-6-2　立式除石机结构示意图

浮选式除石机如图 2-6-3 所示，主要由动力系统、螺旋桨叶、水循环系统、集石排石器、机架等部件组成。该机主要用于马铃薯、甘薯、胡萝卜、番茄等块茎类物料在被输送过程中将其夹带的石头分离出去，保证物料的纯净，防止物料夹杂其他硬物，造成加工设备的损毁。原料输送设备将马铃薯等物料送入除石机的锥形壳体中，从锥形体底部上冲的水流充斥于锥体，水流跟随叶片旋转，马铃薯则掉入并浸泡在旋转的水中，随着螺旋叶片和锥底出来的水流被提升到高位出料口处与水流一同排出，流向溜槽。物

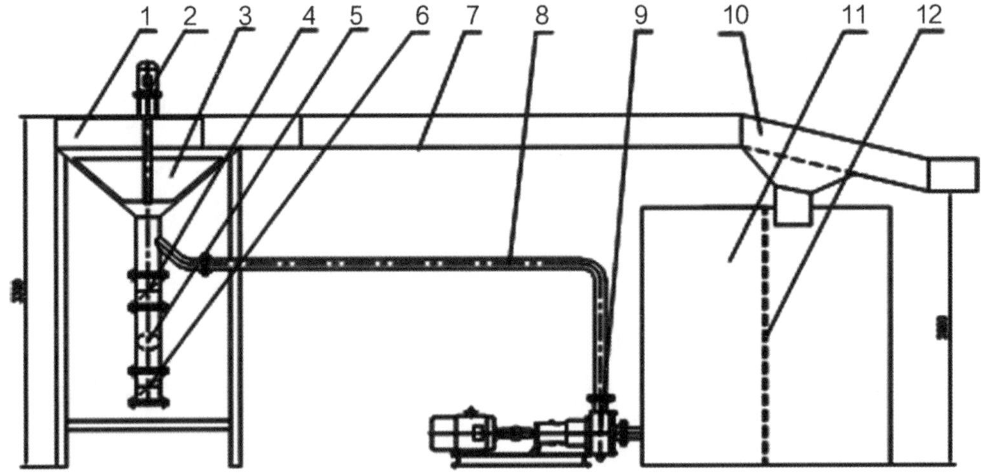

1. 锥形体 2. 电机 3. 螺旋桨叶 4. 上排石阀 5. 集石器 6. 下排石阀 7. 溜槽 8. 循环水管道 9. 循环水泵 10. 分水器 11. 回水箱 12. 隔网

图 2–6–3 浮选式除石机

料中夹带的砂石等杂料由于比马铃薯重，在水中不能浮起而经管道沉入锥底的集石器部位，由排石阀定期排出机外，马铃薯则随水流在溜槽中流动，并到达分水器实现水和马铃薯的分离。流水进入循环水箱，马铃薯原料进入下道工序，实现将夹带的石头等杂物分离并排除的目的。工作过程中循环水的流量、螺旋桨叶的转速应相互配合，达到使石头等杂料完全下沉、马铃薯上浮的目的。集水箱里应补充适量的水，保证循环水泵的正常工作，生产过程中原料中体积较大的砂石异物等应由人工除去，否则会影响设备性能。

清洗设备：速冻薯条加工常用的清洗设备为鼠笼式清洗机，见“马铃薯淀粉加工”相关内容。

去皮设备：速冻薯条加工常用的去皮设备为连续摩擦去皮机和蒸汽去皮机。

连续摩擦去皮机见“马铃薯鲜切半成品加工”相关内容。

蒸汽去皮机的工作原理是利用蒸汽压力的变化，将马铃薯表层爆裂，然后利用毛刷将表皮刷落下来，实现皮薯分离。如图 2–6–4 所示，蒸汽去皮机由计量进料斗、蒸汽压力罐、旋转动力机构、蒸汽进出管阀、排汽缓冲罐、出料螺旋提升机及机架等组成，配套设备包括上料

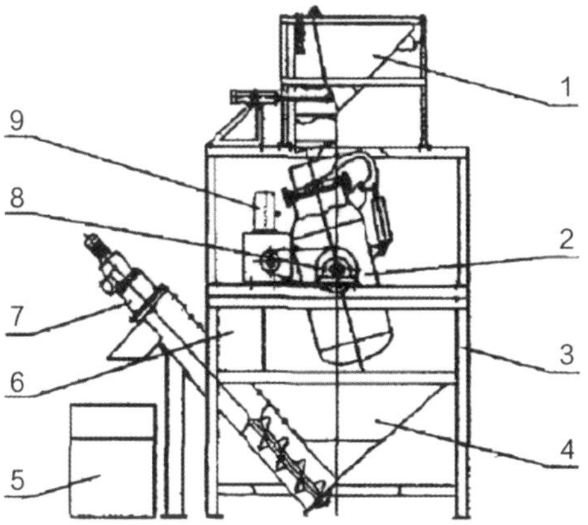

1. 计量进料斗 2. 压力罐部件 3. 机架
4. 出料斗 5. 电控柜 6. 气控柜
7. 螺旋提升机 8. 压力罐旋转驱动装置
9. 蒸汽进、出控制阀及管路

图 2-6-4 蒸汽去皮机结构示意图

提升机、毛刷去皮机等。

工作时，马铃薯经提升机和计量秤被定量送入蒸汽压力罐。完成进料后，压力罐盖板在气缸的作用下自动关闭，将罐体密封，罐体开始旋转。同时，在阀门的控制下，旋转轴芯部的蒸汽管道开始向罐体输入高压蒸汽，一般压力为 0.6 MPa ~ 1.2 MPa。罐内高压蒸汽对马铃薯表层形成加压加热作用，当压力罐旋转到设定转数后，排汽阀门快速打开，罐体内高压蒸汽瞬时泄压，马铃薯表层形成爆裂或脱落。此时罐体口旋转到下方的接料斗处，罐体盖板由气缸打开，马铃薯被排放出罐体，由出料螺旋提升机将其输送至毛刷去皮机，进行皮薯分离。排放完毕的压力罐旋转到进料位置，与计量进料斗出口对接，开始下一个进料处理的再循环。

蒸汽去皮机生产率为 3 ~ 6 t / h。每罐处理量为 200 ~ 300 kg 马铃薯，蒸汽加热时间 10 ~ 30 s。加热时间长短主要取决于原料的新鲜程度、蒸汽压力等条件。

切条设备：薯条加工中的切条设备主要有两种形式，一种是机械式切条机，另一种是水力切条机。经过拣选、去皮、修整后的马铃薯进入切条机，被切成要求规格的长条。

机械式切条机见“马铃薯鲜切半成品加工”相关内容。

水力切条机是一种先进的切条设备，能够按照薯块长度方向切出直条，截面尺寸更准确，薯条合格率更高。

水力切条机的主要结构包括：①循环物料泵——用来输送马铃薯的专用泵，使马铃薯在管道中产生一定的速度和压力并顺利通过塔形组合刀具，输送量最大不应超过 6000 kg / h，否则会引起马铃薯的破碎。马铃薯的长度应不大于150 mm、直径不大于80 mm。②导向锥管——第一级导向，它和切刀室中的渐缩管配合将马铃薯沿长度方向导引，进入第二级导向，即进入橡胶渐变管。③切条刀室——在切刀室中安装有一个带有渐变管的管架、一组塔形组合刀具和一套用于快速锁定刀具和管架的机构，如图2-6-5所示。④水流减速器——用于将高速的水流减速，防止脱水时高速的水流造成薯条的损害。⑤脱水筛——采用重力脱水筛将水和薯条分离，水循环使用，薯条进入下一工序。⑥回水贮罐——经重力曲筛分离出的水进入该罐，同时工作过程中损失的水量也在该罐中得到补充，使系统的水位保持不变，满足生产需要。⑦输送槽（物料喂入口）——是回水贮罐和缓冲贮槽的连接段，也是该机的物料喂入口。⑧缓冲贮槽——底部有物料输送管，也是物料泵的供水槽。⑨水流传感器——用于检测水流的速度，以便判断系统是否发生塞堵。当系统发生塞堵时水泵自动停机，此时故障灯亮，需要操作人员排除故障后按下复位按钮，重新开机。

水力切条机由马铃薯泵、橡胶导向管、组合切刀、重力曲筛和回水箱组成，如图2-6-6所示。工作时按尺寸大小分级贮藏的原料，用水流传送到切条机的进料槽，进料槽同重力曲筛下的回水贮罐相连接。一台专用的物料泵将马铃薯连同水一起泵出进料槽，水流用作传

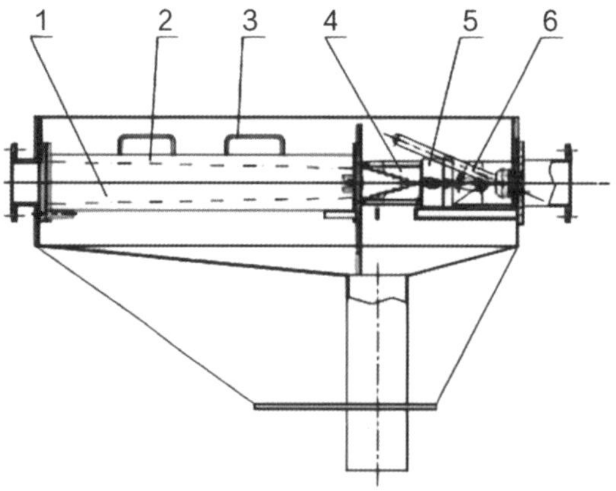

1. 渐变管 2. 管架 3. 提手 4. 塔形组合刀具 5. 辅助固定装置 6. 快速锁定机构

图 2-6-5 刀室组合

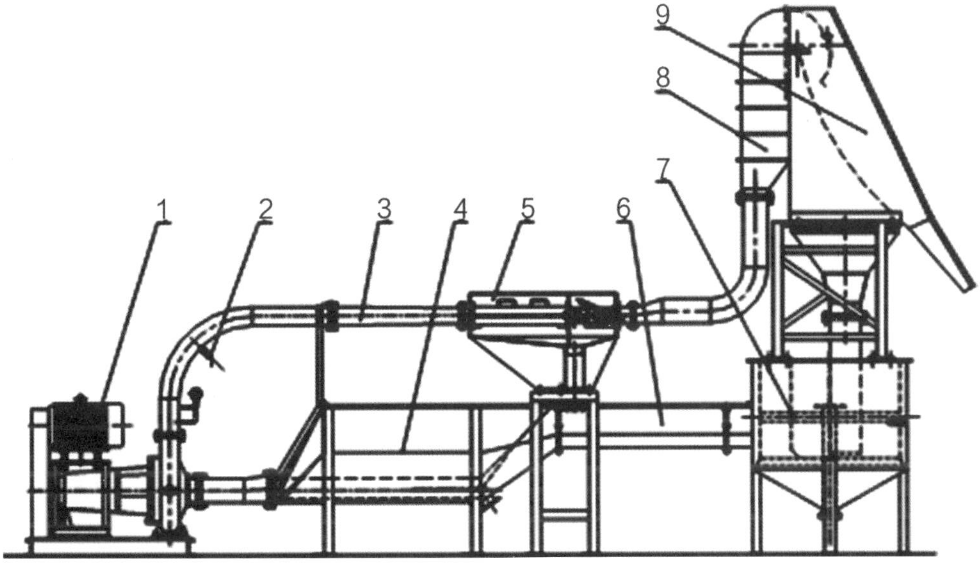

1. 循环物料泵 2. 水流减速器 3. 导向锥管 4. 缓冲槽 5. 切条刀室
6. 输送槽 7. 回水贮罐 8. 减速器 9. 重力曲筛
图 2-6-6 水力切条机总体布置图

送介质。通过管道马铃薯被传送到切刀室中。在切刀室中，有一个圆锥形的管将马铃薯定位，在压力的作用下马铃薯沿长度方向通过塔形组合刀具，完成切制，薯条和水流的速度通过减速器进行减速后，再由重力曲筛完成薯条和水流的分离。若切刀处发生阻塞，安装在管道上的水流传感器将记录下这个状态，而使物料泵停机。这一过程是由一个红色按钮显示的，之后，操作人员必须对切刀和导向锥管进行清理。在启动系统之前，须按下恢复按钮，然后按下绿色开机按钮机器方能正常启动。

水力切条机的另一个优点是薯条在水中完成切割，不与空气发生接触，因此薯条表面不会产生氧化褐变。并且，由于水流的作用，切条时在薯条表面产生的游离淀粉大部分能够被冲洗，有利于后续的加工。

分级设备：马铃薯完成切制成型后，会有一些碎屑、短条、楔形条等不合格薯条。为了提高产品质量，需要将它们与合格薯条分离开来，另行处理。薯条加工所用的分级设备主要包括薯条的长度分级机和厚度分级机。生产中主要采取长度分级的方式将短条及碎屑分离出

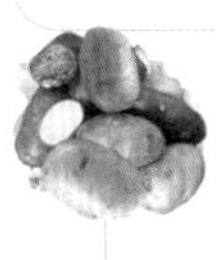

来，采用厚度分级的方式将薄片条分离出来，采用色选方式将含有黑色斑点等瑕疵的条分离出来。为了达到拣选分离的目的，对于处理量小于 2000 kg / h 的生产线，可以配置拣选输送带，由人工完成对短条、薄片条、边角条和瑕疵条的拣选处理；对于处理量大于 2000 kg / h 的生产线，一般应配置长度分级机、厚度分级机和色选机进行处理，提高生产效率。

长度分级机主要用于条状物料（薯条）的长度分级工序。该机型采用振动分级和概率筛原理进行设计，将脱水后的切条按照长度进行分级，将长度小于规格要求的碎条和短条分离出去，由废条收集箱接收，长度符合要求的薯条进入下道工序。

长度分级机主要由机架、上层筛板、下层筛板、废料斗、减震簧、振动电机等部分组成，如图 2-6-7 所示。其工作原理是根据振动原理采用概率分布进行设计和分级工作。分级筛板分为上下两层，按照薯条长度的概率分布对上层筛板的

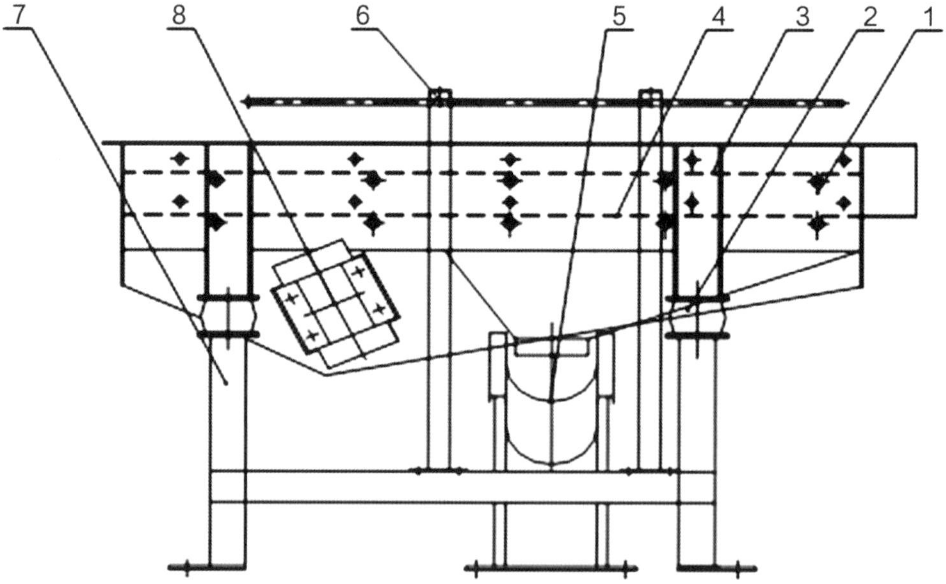

1. 振动筛厢 2. 橡胶弹簧 3. 上层分级筛板 4. 下层分级筛板 5. 废料收集溜槽
6. 喷淋水装置 7. 分级机机架 8. 振动电机

图 2-6-7 长度分级机结构示意图

网孔进行适当配置，使薯条原料在上下两层筛板上平均布料，提高对原料的处理能力。薯条进入筛板后，由于振动电机产生的振动力作用在网板面上，使薯条做平行前移的平掷运动。由于网孔的不同分布和组合，一部分薯条从上层网面被分配进入到下层网面，并在下层网面上完成分级工作，剩余部分则在上层网板上完成长度分级任务，这样长度不合格的薯条将经过网板上的筛孔滑落到废料斗中被收集起来，达到分离短条和碎条的目的。分级机的振幅调整很重要。振幅调整过大时会产生向上的抛掷运动，导致较长的薯条被抛起后直接落入板孔中作为废条被收集，使原料成本上升；振幅调整过小时，分级机的生产率达不到要求，甚至产生堵料现象。

厚度分级机主要用于处理马铃薯在切制成条时可能产生厚度小于切条规格要求的情况。这种情形主要有两种，一是切条时产生的薄条，二是厚度不合要求的边角条。

厚度分级机主要由分选滚轮、间隙调整机构、蜗轮蜗杆联动机构、动力传动机构及废料收集斗等部件组成，见图 2–6–8。其工作原理主要是利用分选滚轮之间的间隙将厚度不合格的薄片薯条分离后收集，合格薯条沿分选滚轮上表面继续前行，实现物料的分离或分级。工作时分选滚轮在动力传动机构的作用下同时做向前输送的运转，薯条被送到由若干个分选滚轮组成的输送面，在滚轮的齿形表面作用下随着

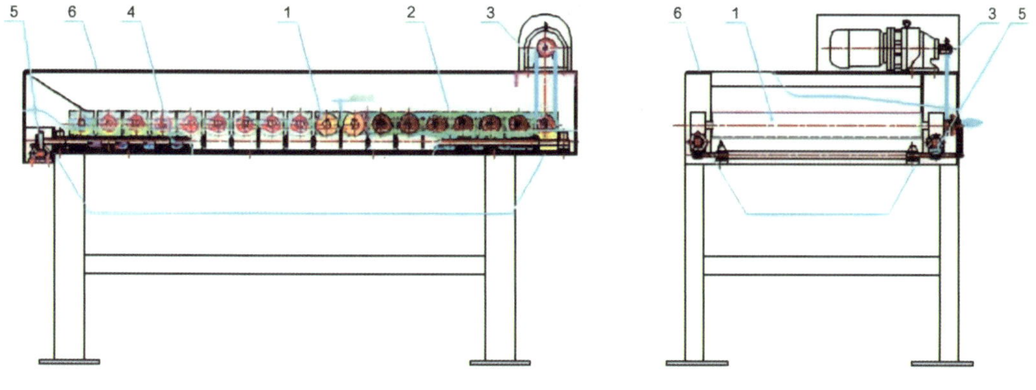

1. 分选滚轮 2. 链传动机构 3. 电机与动力输出 4. 间隙调整机构 5. 涡轮蜗杆联动机构 6. 料斗与机架

图 2–6–8　薯条厚度分级机

辊的转动向前移动，分选滚轮之间的间隙就是分级的规格，厚度小于该间隙的薯条被分离出来。滚轮两端的轴承座分别被两侧的间隙调整机构串联在一起，它们由涡轮涡杆联动机构并联在一起，转动间隙调整手柄可以同时改变分选滚轮两侧轴承座之间的间隙，达到改变滚轮间距即调整分级规格的目的。对于厚度分级机性能而言，保证所有分选滚轮之间间隙的一致和分选滚轮有效送料（不夹料）是两个最关键的因素。

漂烫设备：漂烫设备主要用来对马铃薯进行漂烫灭酶，防止马铃薯在加工过程中的褐变产生，起到软化组织、表面护色的作用。薯条生产中常采用连续进料的网带式漂烫机、旋进式漂烫机和螺旋式漂烫机。

旋进式漂烫机见“马铃薯脱水制品（薯干、薯片、薯丁）加工”相关内容。

螺旋式漂烫机结构如图 2-6-9 所示，主要由壳体、机架、控制系统、加热系统、驱动系统等组成。工作时，清水经进水口注入内腔，蒸汽经过蒸汽入口、气动调节阀、汽水混合器进入，将漂烫液加热，温度传感器随时将漂烫液温度数值传递

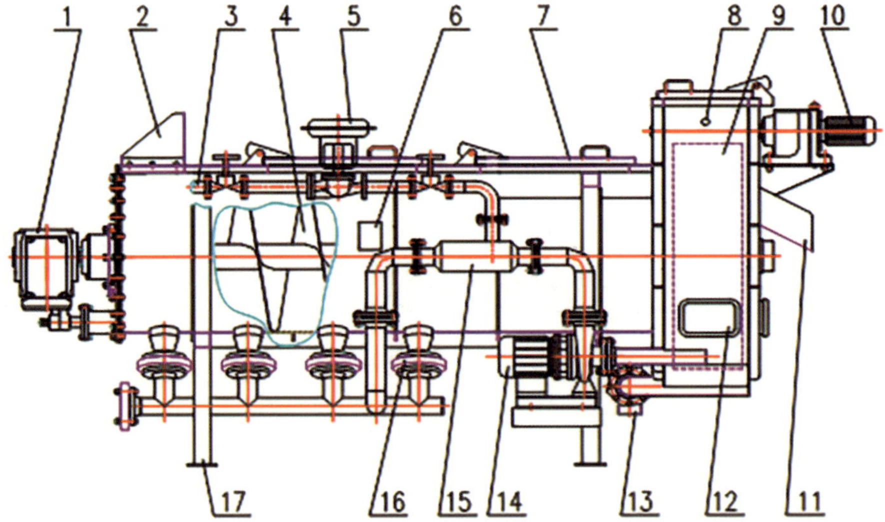

1. 输送减速机 2. 喂料口 3. 蒸汽入口 4. 输送螺旋 5. 气动调节阀 6. 温度传感器 7. 活动上盖 8. 进水口 9. 出料翻斗 10. 出料减速机 11. 出料口 12. 检修人孔 13. 放水口 14. 循环水泵 15. 汽水混合器 16. 热水阀 17. 壳体、机架

图 2-6-9 螺旋式漂烫机结构示意图

到控制系统。根据漂烫液温度设定值，气动调节阀自动控制蒸汽的进入量，根据物料的特点和加工工艺，调整漂烫液温度和漂烫时间，以满足对不同品种马铃薯漂烫效果的要求。切好的薯条从喂料口进入到漂烫机内的漂烫液，浸没在漂烫液里的物料由螺旋推动向前缓慢移动，经过一定时间漂烫后，薯条落入出料翻斗从出料口出料，进入下道工序。

网带式漂烫机通常采用蒸汽直接加热、网带输送的方式，因此结构简单，成本低。主要由浸泡槽、输送网带、蒸汽加热系统、传动系统、电控系统及机架等组成，如图 2-6-10 所示。开始工作前，利用薄膜蒸汽阀和温度控制等部件启动加热系统，将蒸汽通过分配管道送入到充满水的浸泡槽体中，对漂烫水均匀加热至要求温度，其后水温由温度控制装置进行自动调控，并在循环水泵及管道作用下沿槽体流动，达到水温前后均匀一致。薯条进入漂烫槽落于输送带网面上，网面在电机的作用下连续地向前移动，漂烫水对薯条进行高温漂烫。在传送带的两侧安装有护料板，防止产品从边缘掉入槽底。这些导向板由聚四氟材料制成，可以防止产品的粘连。输送网带的后段为一爬升网面，薯条随网带脱离水面并输出到后续设备中。输送网带通常与其安装支架一起由提升装置控制，

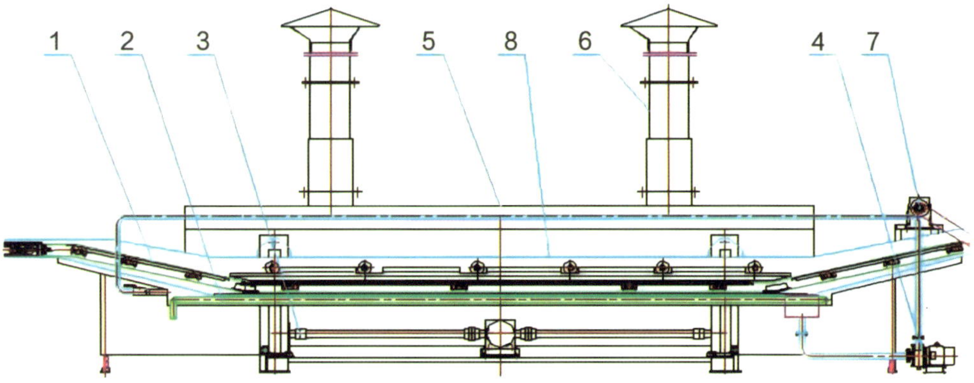

1. 网带总装 2. 蒸汽分配管道 3. 提升装置 4. 循环水泵 5. 蒸汽罩
6. 排气管道 7. 输送带电机 8. 漂烫腔体
图 2-6-10　网带式漂烫机结构示意图

工作之余被提升一定高度，便于水槽底部进行卫生清理。

因为薯条在漂烫过程中与网面相对静止，薯条之间也相对静止，因此，相互接触的薯条表面不易受热，可能产生漂烫不匀的现象。这是网带式漂烫机的结构缺陷。

调理设备：常用的调理设备为螺旋调理机，主要用来对马铃薯等果蔬物料在调理液的作用下进行表面组织结构调理，改善物料的品质及表面颜色的均匀性，达到加工工艺所要求的某些特殊作用。螺旋调理机的结构如图 2-6-11 所示，主要由螺旋输送叶片、传动系统、出料系统、管路系统、控制系统、机架等部分组成。本机以调配罐（2个）、卫生泵和管路等作为辅助装置。调配罐为直径 1100 mm 的不锈钢罐，配置有蒸汽加热管、搅拌叶片、电机等部件。罐内加水后由蒸汽加热管加热至适宜温度，人工添加适量的调理剂后进行充分搅拌，制成工艺要求的调配液，然后由卫生泵输送到调理主机中对物料进行浸泡调理处理。两个调配罐轮换调制，保证适时供应主机所需的调配液。经切片（切条、切段）的马铃薯等果蔬原料从喂料口进入到调理机的内腔中。由于螺旋推进作用物料在一定温度的调理液中产生旋推式地向前移动，薯条在受到旋推的过程中能够产生一定的相对移动，因此有利于提高浸泡的均匀性能。

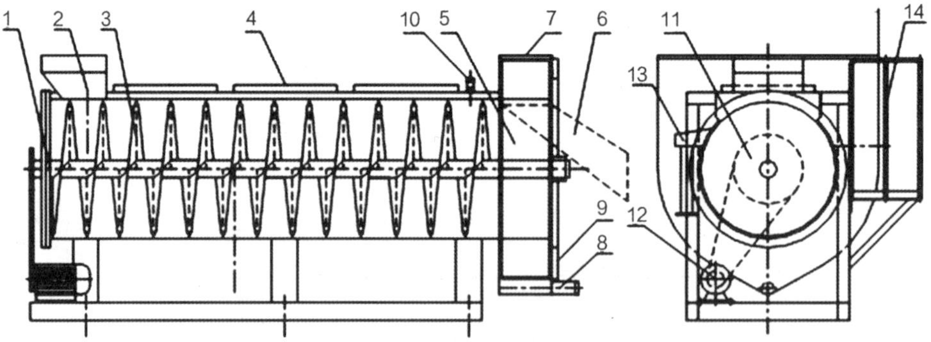

1. 机体架 2. 进料斗 3. 螺旋叶片 4. 腔体盖 5. 出料翻斗 6. 出料斗
7. 翻斗盖板 8. 放水管口 9. 排污清理窗口 10. 进水（进液）管口
11. 传动齿轮 12. 减速电机 13. 溢流管口 14. 操作台架

图 2-6-11 调理机结构简图

经过一定时间后由出料斗送出。本机可根据不同物料的特点和加工工艺调整螺旋速度，以满足不同物料对调理浸泡时间的要求。

如果调理工艺要求在一定的温度下对物料进行浸泡处理，那么对调理液可以采用外循环方式进行换热控温，这套循环系统与漂烫机的循环加热基本一致。

在工作过程中，浸泡液会消耗减少，浓度也会下降，需要根据具体情况用搅拌罐内的备用溶液予以补充。浸泡液长期使用时，有可能因细菌的污染而变质，需要根据实际情况全部或部分更新。

脱水设备：根据工艺要求，漂烫后的薯条应进行烘干脱水处理，使薯条脱去一部分水分，并达到水分分布均匀，表层无硬壳、焦干的要求。因此，在生产中通常采用网带式烘干机进行脱水处理。

网带式烘干机分为单层和多层网带形式，总体结构基本相同，主要由烘干箱体、输送网带、循环风机、热交换器、排湿风机、电器控制等部件组成，如图 2-6-12 所示。网带式烘干机通常制作成若干个通风加热单元的箱式结构，输送网带串穿于其中。每个通风加热单元基本部件相同，气流相对隔离，气流方向也可以相互交错。在工作中，先开启循环风机，然后给换热器送

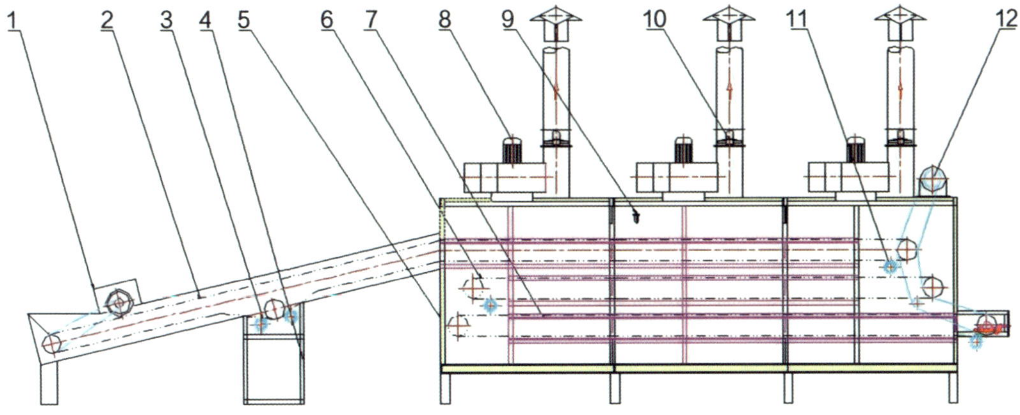

1. 摊料装置 2. 第一层网带 3. 清洗毛刷辊 4. 清洗循环水箱
5. 隔热箱体 6. 第二层网带 7. 第三层网带 8. 循环风机与加热器
9. 温湿度测控装置 10. 排湿风机与风道 11. 辅助毛刷辊 12. 电机与传动

图 2-6-12 穿流网带式多层烘干机结构简图

入蒸汽，箱体内的空气在流动过程中被加热到所需的温度。在风机和风道的作用下，箱体内产生均匀的气流，气流由下向上或由上向下穿过网面并对网面上的薯条进行干燥脱水。为了减少热能消耗，穿越网带的气体可以重新回到循环风机进口，重新加热成热空气，回收热空气的余热，循环利用。为了保证干燥效果，防止循环空气的湿度过高，必须排除一定数量的热空气，同时补充引入干燥的室内空气，维持热空气在一定的湿度下，有利于薯条在干燥时水分的蒸发。所以，排湿风机连续不断地将部分湿空气抽出箱体，并排至室外。

为了提高热能利用率，减少设备占地面积，输送网带可以做成多层网带结构形式，薯条从上层网带前行后掉入下一层网带反向运行，形成多层往返输送过程。因此，在相同的烘干时间内提高了薯条的运行速度，同时增加了薯条的翻转次数，有利于提高烘干的均匀程度。

采用单元机构的带式干燥机其烘干温度可以分区控制，实行变温烘干。这样既可实现设备生产能力的最大化，同时又能保证产品不会因为温度原因造成产品变色烧焦等现象。

烘干脱水是薯条加工最为关键的工艺环节，直接影响薯条产品的最终品质。烘干机网带的材质、机构形式以及烘干的温度、时间等因素都会影响到产品质量。薯条烘干过程中应重点注意网带粘料和烘干均匀性等问题，适时调整工艺参数以保障最终产品质量的均匀一致性。

油炸设备：速冻薯条的油炸工序要求设备不仅能满足油炸过程中的热量交换以及连续、均匀地完成薯条的油炸操作，而且还应具备对油炸过程中产生杂质时自动、有效的去除功能，以保证煎炸油的品质，提高煎炸油使用寿命。此外，还应具有便于清洗的综合功能。

薯条油炸机作为一个系统，主要由油炸主机、自动除渣机、精滤机、螺旋板式换热器、循环油泵、贮油罐、输油管路、蒸汽（导热油）管路等组成，如图 2–6–13、图 2–6–14 所示。

炸锅上的煎炸油进油管有两个进油口，通过管路上的阀门可以进行流量及其分流调节。在油炸过程

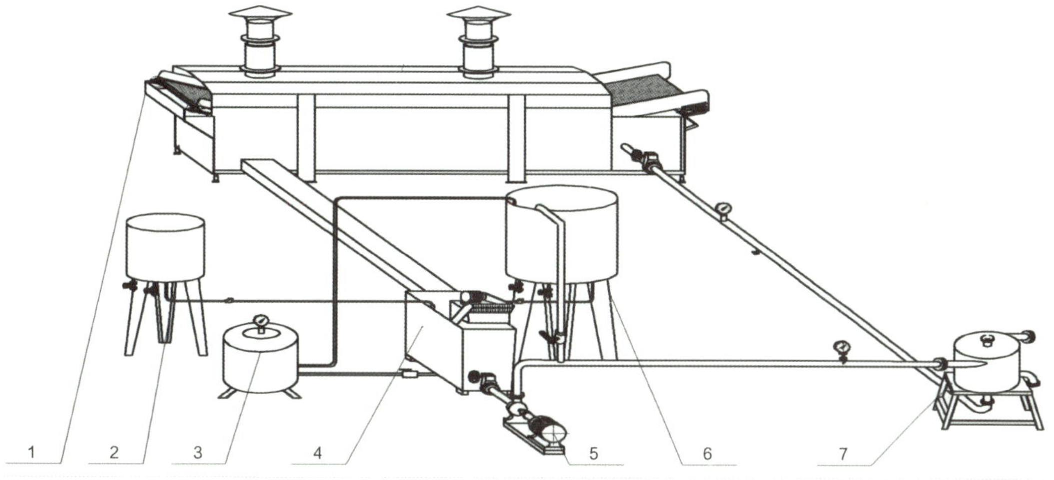

1. 油炸主机 2. 小贮油罐 3. 精滤机 4. 自动除渣机 5. 循环油泵
6. 大贮油罐 7. 螺旋板式换热器
图 2-6-13 油炸机系统示意图

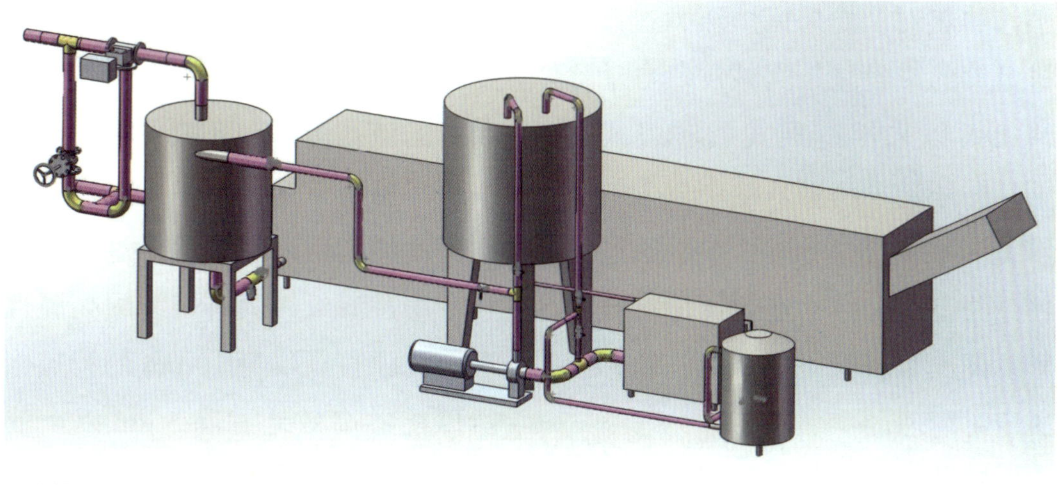

图 2-6-14 YZW60 型油炸机系统示意图

中应根据油炸情况调整油槽内的油流和油温分布，油槽中的油面应保证薯条被浸没在油中。当油面高度设置后，油量不够时，电磁阀会自动打开放油，放油速度不满足需要时，可开启贮油罐出油旁路阀门向循环油路补充煎炸油；油锅排烟罩位于进、出料口之间，空气中的氧与煎炸油接触会造成油的氧化和酸败，因此在满足排烟条件下尽量防止新鲜空气进入排烟罩。油炸主机还装有螺旋提升器，固定在油槽支架上，将油烟罩和输送网带自动提升，方便对油槽进行清洗和除渣。贮油罐由不锈钢板卷圆制成，通常制作为保温隔热的双层结构。罐内装有加热盘管，使用压力≤ 0.4 MPa 的热媒进行加热，对罐内存放的油脂进行预热和熔化固态油脂。罐体底部的出油管口一般设计为加热夹套形式，防止凝固点较高的油脂在管口凝固，堵塞出油管。小贮油罐用于装新油，大贮油罐用于装旧油，贮油罐内装有盘管，当使用蒸汽加热时，如果锅炉压力过高，进盘管前应经减压阀减压。自动除渣机可以采用链网式或转毂式滤网，循环转动将煎炸油中较大的渣滓（一般大于 2 mm）不断通过滤网过滤下来，然后通过压缩空气喷管从网面上被吹下掉入集渣箱，人工定时清理。

精滤机采用物理吸附和过滤的方法，滤除高温煎炸油中 5 μm 以上的高分子聚合物、过氧化物、悬浮微粒杂质等油脂劣变反应的催化剂，从而抑制煎炸油中酸价和过氧化值升高。精滤机通常由过滤罐体、滤板支架、真空油泵、滤纸和助滤剂等组成。过滤罐体内放置的滤板支架一般设置为 3 ~ 5 层，每层滤板上放置一张食用油过滤纸，并铺一层 20 mm 左右厚的助滤剂。真空泵通过管道对密封的罐体抽吸真空，将煎炸油泵入罐内，浸入到罐内的各层助滤剂中。由于滤板支架上的中心孔与滤板支架的导流孔相连，浸入助滤剂中的煎炸油在真空力的作用下渗透过滤纸进入中心孔并通过出油管阀被输送至过滤罐，完成过滤程序。为了达到非常精密的过滤效果并保持一定的过滤速度，过滤纸和助滤剂的作用十分重要。硅藻土类的助滤剂，因其内部曲折的微孔沟道和孔隙，将油中微小渣滓阻留下来，并保持疏松的结构，使油脂得以畅快地通过，再配合专用过滤纸，具有持续耐高温且平均孔隙直径仅为 10 μm 的特点，所以能够高效地滤除 5 μm 以上的微粒杂质，使煎炸油变得清澈透明。

换热器是油炸设备补充热量的装置，主要有列管式、翅片式和螺旋板式等形式的换热器。因为螺旋板式换热器结构简单、不易结垢、换热效率高，在食品加工中应用较广。该设备由两张换热版从芯部卷制而成，形成了两个均匀的、相互间隔的螺旋通道。冷热介质在毗邻的通道全程逆向流动，提高了温度的均匀性。螺旋通道曲率均匀变化，液体在容腔内流速较高，增强了换热效果。

油炸机的工作原理如下：

煎炸油的预热和加热——速冻薯条煎炸油常用棕榈油，其常温下是固态，凝固点在 30 ~ 50 ℃之间，因此，在工作之前应进行化油、预热和加热操作。煎炸油的化油和预热由贮油罐中的加热器通入蒸汽后进行加热来完成，油脂完全熔化后并达到 60 ~ 70 ℃时通过出油管阀门进入油循环管路进行加热，待油面达到规定高度时，关闭贮油罐出油阀，贮油罐停止放油。油的加热循环过程如下：加热介质经由管路进入热交换器传热层，再回至加热炉或将蒸汽冷凝水排出，进行介质加热循环。预热后的煎炸油通过循环油泵经自动除渣机送至螺旋板式换热器受热层加热后再送至油炸主机的油槽中，进行循环加热。这样煎炸油在循环过程中被逐渐加热，升至要求的工作温度。螺旋板式换热器出口处的油温由供给换热器的加热介质温度决定，当出口油温为 190 ℃左右时，加热介质温度为 198 ℃左右（蒸汽压力要求为 1.4 Mpa，供给换热器的蒸汽压力不允许超过 1.5 Mpa）。

油炸工作过程——开始工作前，先启动加热炉，加热导热介质（蒸汽或导热油）至要求温度。炸锅内煎炸油温度达到工艺要求后开始进料，同时调节换热器传热介质的加热系统，使其与物料量匹配以保持煎炸油温度稳定。产品进入充满炸用油的油槽，落于传送带面上。传送带贯穿油槽全长，传送带的运动使产品与其表面之间的接触最小，这样可以防止产品与带面之间的粘连。在传送带的两侧安装有导向板，防止产品从边缘掉入槽底。这些导向板由聚四氟材料制成，可以防止产品的粘连。该油炸机的烟囱安置在进、出料两端，这样由外界进入的空气（以及氧气）不能经过炸用油表面，使炸用油的损失降到最低。在油炸过程中，如果耗油较多，导致油位下降，那么补油电磁阀就会开启，煎炸油从储油罐中流向除渣器箱体，执行向循环油系统的注油过程，油位达到要求后电磁阀自动关闭，停止补油。

为了保持油的品质，在工作过程中或停机后也可以进行煎炸油的精制过滤。精滤时，打开精滤机进油阀门，煎炸油在负压作用下进入过滤室。过滤室由过滤网、导油圈、分隔圈、过滤纸、助滤剂等组成，一般由 3 ~ 5 个过滤室组成过滤系统，分别独立地对煎炸油进行过滤。油在通过过滤层时，被过滤纸和助滤剂隔除了所含带的极细小的微粒杂质，达到精制过滤的目的。过滤后的油被送入储油罐中，再经过电磁阀等控制返回到除渣器中，参与工作循环。油炸主机还装有螺旋提升器，其固定在油槽支架上，使油烟罩可以自动提升，这样使传送带和油槽的清洗工作更为方便。

循环油路的调节控制方法——油炸机系统的循环油路是利用管路和阀门、管件将有关设备串联、并联起来，保证煎炸油中的杂质被有效过滤和换热器中的热量被传递到油炸主机内。循环油路的调节控制分为四种状态，即为主机注油、正常工作状态、系统回油状态、清洗设备过程。在工作中根据需要分别开启不同的阀门进行调控。

④设备的清洗——设备的清洗工作在煎炸油被抽回贮油罐之后，每星期进行一次。清洗工作的主要部位是主机的传送带和油槽、除渣机及换热器。目的是除去残留的杂质和油污，减少杂质对油的损害，保持设备的卫生条件。一般采用一次洗涤、两到三次清洗方式，第一次洗涤时应使用温热水，可适当加入符合食品卫生条件的洗涤剂来提高清洗效果，清洗时可用清水进行冲刷。热交换器在清洗后注意通过泄油口将热交换器管内的水放净、控干。

沥油设备：沥油设备目的在于将油炸后薯条表面上附着的明油脱离下来，减少薯条的含油量，特别是表层的含油量，防止薯条在后续工序中因为表面含油发生粘连。沥油设备一般采用振动脱油方式。振动脱油机主要由振动机架、森克网板、蒸汽夹层套、电加热装置、集油箱、减震簧、振动电机、蒸汽连接管等设备组成，如图 2-6-15 所示。振动脱油机是根据振动分离原理进行设计的。振动筛板采用森克网，间距为 5 mm，丝条为上宽下窄的梯形截面，有利于脱离下来的浮油快速离开网面后被收集起来，提高

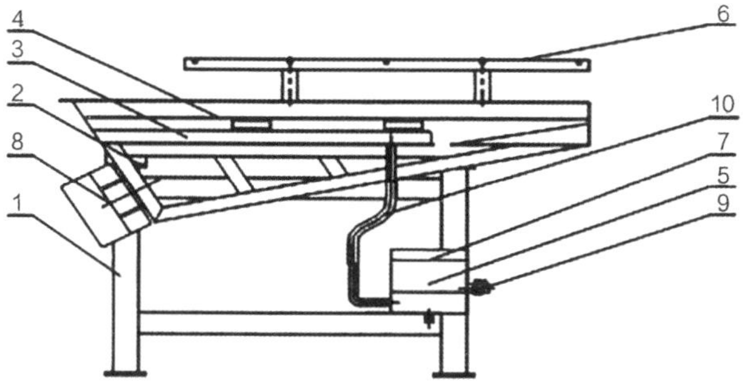

1. 振动机架 2. 橡胶弹簧 3. 蒸汽夹层套
4. 森克脱油网 5. 集油箱 6. 电加热装置
7. 过滤网 8. 振动电机 9. 出油阀门
图 2-6-15 沥油机结构示意图

脱油的效果。油炸后的薯条趁热进入振动脱油机的筛面后，首先利用薯条表面浮油在较高温度下的流动性，结合振动电机在网板面上产生的振动力作用，使薯条做向前的振动和抛掷运动，并在与筛面的碰撞过程中将薯条表面上的浮油甩落下来，由下层的接油盘和集油箱收集起来，达到将薯条表面的浮油过滤分离的目的，同时将薯条输送到下道工序。当车间温度较低时，为了保证脱油效果，可以通过蒸汽夹套和电加热装置来加热和维持筛面温度。薯条经过筛板的不断振动沥出表面的附着油脂，该油脂流入到集油箱中，由人工定期收集、过滤处理后返回油炸机中继续使用。

预冷设备：油炸的薯条经过滤油工段后其物料温度通常为 70 ~ 90 ℃。为了达到速冻的目的，必须将薯条温度冷却下来，降低速冻工序的热量负荷，节省能耗。同时，高热的薯条携带大量的湿气，直接冷冻时易产生大量水汽，导致制冷蒸发器大量结霜结冰，影响制冷效果。因此，薯条在速冻前必须进行预冷，降低物料温度，除去湿气。

薯条预冷设备可以采取机械制冷的强制冷却方式，将冷却温度控制在 10 ℃左右，预冷后的薯条温度达到 20 ℃以下，也可以结合薯条加工季节多在秋冬时段的特点，采用室外冷空气进行通风降温，既满足薯条预冷效果，又达到节省能耗的目的。如图 2-6-16 所示，风冷式预冷机主要由空气过滤装置、冷却箱体、传送带和风道系统等部件组成，风道系统由进风机、排风机、冷却箱体和进排风管构成，主要用于块状和条状物料的冷却降温工序。该机型采用室外空气为冷却介质，经过初效过滤后送至冷却箱中与穿箱而过的传送带上的物料进行热量交换，将物料强制冷却后送至下一道工序。因为采用室外空气

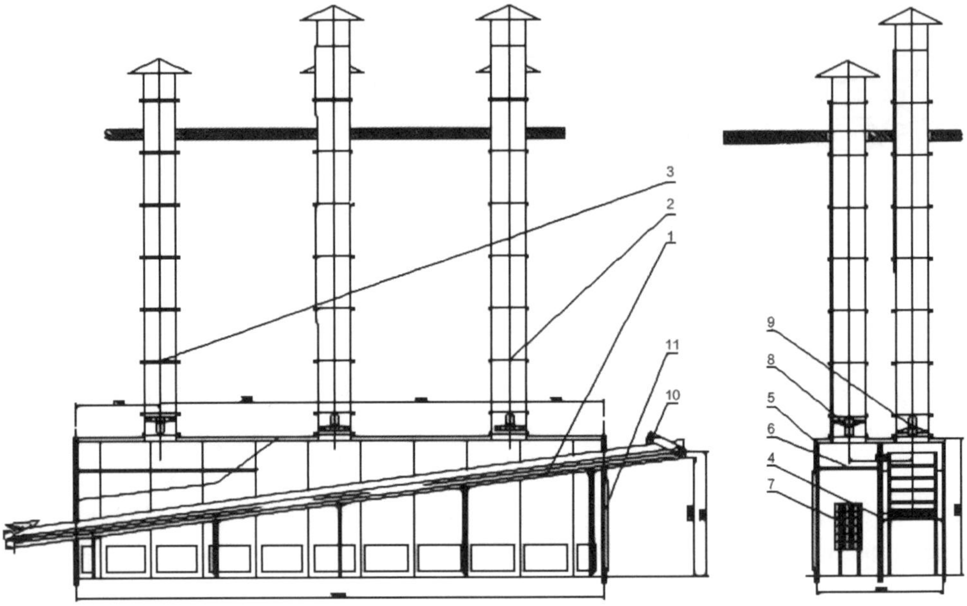

1. 传送带 2. 排风管 3. 进风管 4. 温度传感器 5. 冷却箱体 6. 空气过滤器 7. 制冷蒸发器 8. 轴流进风机 9. 轴流排风机 10. 电动机 11. 维修操作门

图 2-6-16　风冷式预冷机结构示意图

进行冷却，所以能够利用室外的自然冷空气提高冷却效果，减少设备能耗。同时，冷却物料后的空气被排至室外，因此对室内环境温度影响极小。该机冷却时间较长，冷却气流组织理想，并且可以根据室外空气温度调整冷却时间，所以特别适合热交换量较大的物料冷却，如油炸食品的连续冷却。

风冷式预冷机采用室外空气为冷源，进风机将大风量的室外空气引进冷却箱体中，经空气过滤装置过滤空气中的微尘后，从传送带底部进入冷却室，对网面上的物料进行强制通风降温，达到冷却的目的；完成换热后的湿空气被排风机抽出，由管道送出室外排放。因为生产季节里的室外空气温度低于室内温度，所以，充分利用室外自然冷空气可以达到提高冷却效果、节省能耗的目的。

冷却箱体内的空气过滤装置采用铝合金框的板式过滤器，使用聚酯纤维作为滤材对室外空气进行过滤，可以有效阻挡粒径大于 5μm 的微粒，保证冷却用的空气介质洁净度符合食品卫生条件要求。不锈钢网面的传送带穿越冷却箱体，将物料连续均匀地送至下一道工序。因为采用了电磁调速电机，使冷却时间可以根据环境温度和冷却工艺要求在 4 ~ 18 min 范围内调整。冷却箱体采用 75 ~ 100 mm 厚的聚氨酯喷塑彩钢板，具有良好的隔热性能，使流动空气与室内环境隔离，既保证了冷却介质的清洁，又减少了不必要的热量交换，提高了冷却效果。

风冷式预冷机还可配置制冷蒸发器，当室外环境温度较高而影响冷却效果时，与机械制冷设备连接后实行强制制冷，达到冷却物料的目的。

速冻设备：油炸后的薯条进行速冻的目的是为了保持薯条的新鲜程度，延长产品的保质贮藏期。薯条在 −32 ℃下经过 12 ~ 15 min 被冻至 −18 ℃，可以使薯条冻结时内部结冰晶体组织均匀，保证薯条在再次深度油炸后其芯部松软，达到外焦里嫩、芯部不空的口感。

薯条速冻设备主要采用平面网带式，速冻机由保温库体、空气冷却器、机械传动装置、风道系统、电气控制系统和制冷机组组成，如图 2-6-17 所示。

保温库体采用由硬质聚氨酯夹心隔热板拼装而成。库板厚度 120 mm，表面采用彩钢板或不锈钢板，聚氨酯的密度达到 42 kg / m^3。底板上铺接水盘，采用 2 mm 厚不锈钢板焊制。前后两端库板开有进出货口，用于安装机械传动输送装

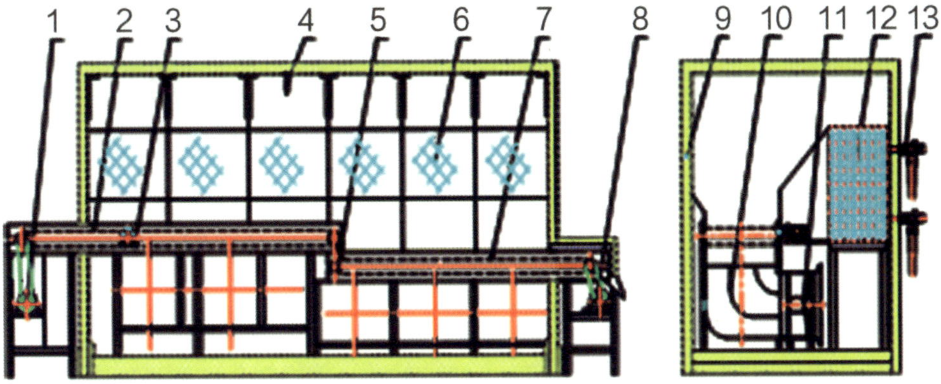

1. 前端电机 2. 前段输送网带 3. 偏振电机 4. 温度及电器控制装置
5. 出料护板 6. 隔离护网 7. 后段输送网带 8. 后端电机 9. 隔热库体结构
10. 电流风罩 11. 循环风机 12. 制冷蒸发器 13. 外接制冷管道

图 2-6-17 流态式速冻机截面结构示意图

置，另两个侧面设有检修门。门框四周装有防冻电热丝，库内顶部装有防潮吸顶灯。库体结构要求保温隔热性能优良。

空气冷却器由蒸发器、静压室、接水盘和轴流风机组成。当制冷剂为 R22 / R404a 时，蒸发器为铜管套铝片。当制冷剂为 R717 时，为钢管套钢片热浸锌或铝管铝片。为了紧凑结构和延长融霜周期，蒸发器采用不同片距的翅片管。蒸发器装有高效低噪轴流风机，气流组织精心设计，空气流速分布合理，空气冷却器采用热氨（氟）或水融霜方式。

机械传动输送装置由机架、驱动电机、减速机、不锈钢输送链网、超高分子聚乙烯导轨和张紧装置以及相关的辅助装置组成。机架全部采用不锈钢制作，全部连接为可拆卸结构，现场装配。输送网带一般采用两段式，前后独立运行，分别控制速度。链网的松紧程度通过调整张紧装置进行调节。为了防止薯条在冷冻初期发生冻粘连，可以在前端网带下部安装电机和凸轮偏振结构，击打前段网带，使网带上的薯条处于相互移动之中，防止薯条在速冻初期因表面水结冰发生冻粘连现象。当链网上积有脏物时，可在进料口利用自动冲洗风干装置自动冲洗，也可在停止生产时用清洁水人工冲洗。

生产率较小的制冷系统可以采用以活塞式双级压缩机为主机，配置高效油分离器、风冷 / 水冷式冷凝器、贮液罐、制冷管路与调控阀门以及机组控制器等组成制冷系统，使用 R404a 等环保型制冷剂。生产率较大的制冷系统则应采用以螺杆式压缩机为主机，配置油分离器、蒸发式冷凝器、贮液罐、中间冷却器、制冷管路与调控阀门等组成制冷系统，使用氨液为制冷剂，这样的机组制冷效率高，设备成本低，但安全防护要求高。

电气控制系统包括控制柜、变频电源、电机、照明系统、电热防冻系统、数字温度显示器、过流继电器等。控制系统不仅承担所有电机的起停与运行保护功能，同时具备速冻时间的无级调整、工作温度数字显示和控制、制冷压缩机组的自动监视以及系统工作压力、介质温度和运转保护等功能，保障系统设备连续稳定地正常工作。

工作时，传送带电机经过减速机减速后驱动主动轴转动，主动轴上转鼓拖动不锈钢链网做平面运动。传送带贯穿在保温库板制作的隔热维护结构（库体）中，薯条从进料段摊铺到输送网面上，随链网从速冻机库体内穿行。库体内的空气经蒸发器冷却后达到 −35 ℃以下，在轴流风机的强制作用下不断循环，从输送网带底面经导风板引导穿过物料层，强力地吹拂物料表面，使物料温度迅速降低，达到快速冻结目的。当物料中心温度低于 −18 ℃或满足冷冻工艺要求时由输送网带从出料段自动输出，完成全部冻结过程。配套制冷机组不断向库体内的蒸发器提供高压液态制冷剂，制冷剂在蒸发器内与空气发生热交换，使库内空气冷却，蒸发为气态，然后流回制冷机组中被再次压缩又经冷凝器冷凝成高压液态的制冷剂，重新进入库内蒸发器，完成连续制冷过程。

薯条速冻机的输送带一般采用两段式传送带，并具有调速装置分别进行速冻时间的调整。前一段输送带冻结时间调整为 3 ～ 5 min，后一段输送带冻结时间为 6 ～ 10 min，这种速度配置有利于防止薯条产生冻粘连现象。速冻间的温度则由制冷设备进行调控。采用螺杆压缩的制冷机组蒸发温度应调定在 −38 ℃左右，制冷量则应根据薯条的产量使用能量调节器来调整。速冻过程中应注意薯条是否发生冻粘连现象。当传送带上薯条料层厚度过大、上料不均匀，或者进料温度偏高、循环风速过低都会加重冻粘连现象。

计量包装设备：速冻薯条的计量包装设备应该根据生产量来确定是采用人工称量包装还是采用自动计量包装方式。一般地，产量在 300 kg / h 以下时采用人工称量包装方式，配置若干台电子秤、塑料膜封口机等设备即可。生产率在 500 kg / h 以上采用自动包装时，使用自动计量秤和卷膜式自动包装机进行称重包装。

马铃薯全粉加工

马铃薯全粉和马铃薯淀粉是两种截然不同的制品，其根本区别在于全粉的加工尽可能少地破坏植物细胞，营养全面，虽然经过干燥脱水，但通过适当比例复水，即可重新获得马铃薯泥，制品仍然保持了马铃薯天然的风味及固有的营养价值，而淀粉却是破坏了马铃薯的植物细胞后提取出来的，制品不再具有马铃薯的风味和营养价值。从20世纪50年代起，欧美各国致力于研究开发马铃薯全粉产品并迅速推广。20世纪末，我国开始研制马铃薯全粉的工业化生产加工工艺及生产线配套装备，从无到有，在加工技术、装备及市场应用等方面发展迅速。

全粉的主要用途

马铃薯全粉是以优质马铃薯为原料，经过去皮、切片、蒸煮、混合/制泥、干燥、筛分等多道工序制成，绝大部分的马铃薯细胞保持完整，所含的维生素、矿物质、氨基酸、微量元素、纤维素等营养物质绝大部分被保留下来，产品的游离淀粉很少。按采用的加工工艺和产品的外形不同可分成两类产品：马铃薯雪花全粉和马铃薯颗粒全粉。颗粒全粉由于其较高的干燥能耗、较低的出品率等特性，生产成本和销售价格均高于雪花全粉，但因其特有的加工工艺能更好地保持马铃薯原有的细胞颗粒、风味和营养价值，其复水性、香味等品质指标均优于雪花全粉，所以专用于高品质马铃薯食品的加工，如用其加工薯泥、复合薯片等食品。雪花全粉生产工艺较简单，能耗较低，故价格低于颗粒全粉。因雪花全粉品质优良，性价比高，其应用量大于颗粒全粉。

全粉将马铃薯原有的色、香、味全部保留，且产品具有很高的质量稳定性，因此用途广泛，既可作为最终产品，也可作为中间原料制成多种后续产品，多层次提高了马铃薯产品的附加值，并满足人们对食品质量高、品味好、价格便宜、食用方便的要求。马铃薯全粉作为食品深加工的原料基础，主要用于两方面：一是作为添加剂使用；二是可作冲调马铃薯泥、马铃薯脆片等各种风味和强化食品的原料，广泛应用于制作复合薯片、坯料、薯泥、糕点、膨化食品、蛋黄浆、面包、汉堡、冷冻食品、焙烤食品、冰激凌及中老年营养粉等食品中。其可加工性远远优于鲜马铃薯原料，可制成各种形状，可添加各种调味和营养成分制成各种休闲食品。

全粉产品标准

现有的马铃薯全粉产品标准是由中国食品工业协会马铃薯食品专业委员会提出、国家商务部发布的行业推荐性标准《马铃薯雪花全粉》（SB / T 10752），该标准规定了马铃薯雪花全粉的术语和定义、要求、检验、检验规则、包装、标识、贮存和运输，适用于鲜马铃薯经去石、清洗、去皮、拣选、切片、漂烫、冷却、蒸煮、捣泥、滚筒干燥、研磨、包装而成的保持马铃薯全营养成分和马铃薯色香味的雪花片状或粉末状熟化制品，提出了加工雪花全粉的马铃薯原料要求和产品质量指标。

马铃薯原料要求：马铃薯应新鲜，色泽良好，清洁，无腐烂、霉变、异味、发芽，无病虫害症状，无损伤和变绿。

马铃薯雪花全粉产品的质量要求：在 SB / T 10752 标准中，规定了雪花全粉产品的感官要求、理化指标和卫生要求，见表 2–7–1、表 2–7–2、表 2–7–3。

目前还没有马铃薯颗粒全粉的国家或行业标准，企业根据国家政策、市场需求，参考国内外同类产品质量制定企业标准，其感官要求和理化指标见表 2–7–4、表 2–7–5，卫生要求同雪花全粉见表 2–7–3。

表 2-7-1　马铃薯雪花全粉产品感官要求

序号	项 目	要 求
1	色 泽	色泽均匀
2	气 味	具有马铃薯的气味
3	组织形态	呈干燥、疏松的雪花片状或粉末状，无结块，无霉变
4	杂 质	无肉眼可见的外来杂质

表 2-7-2　马铃薯雪花全粉产品理化指标

序号	项 目	指 标
1	水分（%）≤	9.0
2	灰分（以干基计）（%）≤	4.0
3	还原糖（%）≤	3.0
4	斑点（个 / 40 目筛上物 100 g）≤	50
5	蓝值（样品为 80 目筛上物）≤	500

表 2-7-3　马铃薯雪花全粉产品卫生指标

序号	项 目	指 标
1	总砷、铅	应符合 GB 2713 的规定
2	二氧化硫残留量	应符合 GB 2760 的规定
3	菌落总数、大肠菌群、霉菌和致病菌（沙门氏菌、金黄色葡萄球菌、志贺氏菌）	应符合 GB 8884 一级品的规定

表 2-7-4　马铃薯颗粒全粉感官要求

序号	项 目	指 标
1	色 泽	色泽均匀
2	气 味	具有天然马铃薯气味
3	组织形态	呈干燥、疏松的颗粒状，无结块，无霉变
4	杂 质	无肉眼可见的外来杂质

表 2-7-5　马铃薯颗粒全粉理化指标

序号	项 目	指 标
1	水份（%）≤	9
2	容重（kg / 1）	0.75 ～ 0.85
3	还原糖（%）≤	3.0
4	斑点（个 / 40 目筛上物 100 g）≤	100
5	游离淀粉率（%）≤	4

全粉的加工工艺

通常采用国际先进的回填加工法。将去皮、切片、蒸煮后的马铃薯与回填的足够量的预先干燥的马

颗粒全粉加工工艺流程：

铃薯颗粒全粉充分混合，使其成为水分均匀适中的“潮湿混合物”，经过调质、气流干燥和沸腾干燥，制成成粒性良好的颗粒全粉。该工艺的特点是最大限度地保持了马铃薯细胞组织的完整性，细胞破碎率最小，游离淀粉释放量最少，保持马铃薯原有的风味和营养价值，产品风味和营养更接近新鲜马铃薯。工艺流程如下：

马铃薯 → 除石 → 清洗 → 去皮 → 检选 → 切片 → 漂烫 → 冷却 → 蒸煮 → 混合制泥 → 调质 → 气流干燥 → 筛分 → 沸腾干燥 → 筛分 → 计量包装

（筛分 → 混合制泥：回填粉）

雪花全粉加工工艺流程：

马铃薯经清洗、去皮、切片、蒸煮、挤压制泥后由滚筒干燥机进行干燥，再按使用要求粉碎成不同粒度的片状或粉料即得到雪花全粉。该工艺基本保持了马铃薯细胞组织的完整性及马铃薯原有的风味和营养价值。工艺流程如下：

马铃薯 → 除石 → 清洗 → 去皮 → 检选 → 切片 → 漂烫 → 冷却 → 蒸煮 → 挤压制泥 → 滚筒干燥 → 粉碎 → 计量包装

加工工艺描述：

马铃薯原料——根据加工全粉的要求，对原料马铃薯进行质量检验，包括测定化学成分和感官检验，如是否为病害、虫害、腐烂变质、生芽、冻伤或有无机械损伤等。最主要的质量检验指标是测定马铃薯干物质含量和还原糖含量，生产中一般要求加工全粉的马铃薯干物质含量≥ 20 %、还原糖含量≤ 0.2 %。

除石清洗——利用清洗和流送设备，除去马铃薯表面的泥沙和夹杂的异物（石头）等。

去皮——去除清洗后马铃薯表皮，全粉生产上常采用机械摩擦去皮或蒸汽去皮。摩擦去皮工艺是马铃薯表皮通过与砂辊摩擦和自身翻滚摩擦将皮层除去，再用清水洗去表面黏附的薯皮和污物。根据去皮效果，可调整物料的推进速度。马铃薯形状不规则、皮层厚或芽眼深时，需磨削皮层深度较大。摩擦去皮设备相对简单，但设备产能低，去皮损失较大。蒸汽去皮是当前国际上先进的去皮方法，优质高效，可以避免磨擦去皮的损失和化学去皮的污染。该方法是在压力容器中用高压蒸汽对马铃薯进行短时高温闪蒸，使马铃薯外部皮层在高压突然解除后被爆破。一般蒸汽压力 0.8 MPa 以上，设备结构能够保证充入高压蒸汽，每个马铃薯受热均匀，放汽时瞬间减压，进出料方便快捷。蒸汽爆皮后的马铃薯由螺旋输送机均匀送入毛刷式去皮机，在去皮机内去除表皮，并冲洗马铃薯表面。蒸汽去皮机效率高、产能大，去皮损失小，但设备相对复杂。

切片与漂洗——为满足马铃薯在蒸煮过程中熟化度均匀的要求，将人工检选、修整后的合格去皮马铃薯切成 10 ~ 20 mm 的厚片进行蒸煮，同时可提高生产率和减少蒸煮时的能量消耗。马铃薯片需再经过清水喷淋冲洗，除去附着在表面的淀粉和碎渣。采用卧式转盘切片机，在离心力的作用下，完成切片作业。

漂烫和冷却——漂烫是将马铃薯在 75 ~ 80 ℃水浴中轻微淀粉糊化，这样不会大量破坏细胞膜，却能够改变细胞间结合力，使蒸煮后细胞更易分离，同时抑制酶促褐变。漂烫后薯片进行冷却处理，可适当增加细胞壁的弹性，使糊化淀粉老化并进一步去除游离淀粉，降低全粉黏度。采用螺旋式预煮机和冷却机，预煮机介质水加热采用蒸汽与水混合，冷却机采用逆流换水，即料流、冷却水流向相反，提高冷却效率。预煮的工艺参数：温度 75 ~ 80 ℃，时间 15 ~ 25 min；冷却的工艺参数：温度 15 ~ 23 ℃，时间 20 ~ 40 min。最佳温度和时间根据马铃薯品种及固形物含量不同进行调整。

蒸煮——蒸煮是马铃薯全粉生产中的关键工序，马铃薯的蒸煮程度直接影响产品的质量和产量。蒸煮是在常压下通过蒸汽加热使薯片充分熟化且软化程度均匀。采用螺旋式蒸煮机，在蒸煮机底部注入蒸汽，螺旋推进物料使其均匀获得热量，连续均匀地蒸煮熟化。生产雪花全粉时，薯片熟化度达到 80 % ~ 85 % 即可。蒸煮的工艺参数：温度 95 ~ 100 ℃，时间 35 ~ 60 min。最佳温度和时间根据马铃薯切片厚度、品种及固形物含量不同而进行调整。

混合 / 制泥——熟化后的薯片混合或制泥是后续干燥作业的准备

工序，这一工序中颗粒全粉生产采用混合干粉搓碎回填法。先将蒸煮过的薯片加入适量经过预干燥过筛的颗粒粉，利用多维度打棒混合机柔和地将薯片搓碎、混合均匀后，制成潮湿的小颗粒，冷却到 30 ℃左右，并保温静置 30 ~ 60 min。搓碎的薯片和混合的干粉中细胞破碎越少，成粒性越好，否则细胞破碎释放出的游离淀粉膨胀会使产品发黏或呈糊状，难以成粒。填加到薯片（泥）中的干粉颗粒也称为回填粉。通过采用搓碎与回填并保温静置的方法，能明显改善由搓碎薯泥和回填粉形成的潮湿混合物的成粒性，满足颗粒全粉成粒性好的要求，并使潮湿混合物的水分含量由 45 %降低到35 %,有利于后序干燥。静置过程可能发生的结块现象，可以通过预干燥前的混合搅拌处理。

雪花全粉制泥工序采用螺旋制泥机挤压制泥。蒸煮过的薯片进入制泥机，通过变螺距对其挤压，至出料端部通过带有大量孔的捣泥板时将其挤碎成泥，进入后序薄膜干燥工序。制泥机应采用低转速，防止细胞破裂。

干燥和筛分——加工颗粒全粉的薯泥干燥分两段进行，为预干燥和最后干燥。预干燥采用气流干燥设备，含水约 35 % 的潮湿混合料进入干燥机底部，由热空气向上吹送至垂直的干燥管内，使之在上升过程中和在顶端的反向锥体扩散器中悬浮，经换热蒸发水分得以干燥。潮湿混合物颗粒干燥到本身重量可以被吹出扩散器时进入收集箱，同时其含水率也降低到 12 % ~ 13 %。出机后的物料一般采用多层振动筛进行筛分，第一层筛面配 30 目筛，第二层筛面配 60 ~ 80 目筛。第一层筛上物、第二层筛下物为回填物料，返回待搓碎的薯片混合机中，第二层筛上物进入流化床干燥器进行干燥，此种干燥器是由一个多孔陶制床或很细密的筛网的小室组成。为防止薯泥结块，气体从流化槽底部孔眼向上吹，细粒呈悬浮状通过流化槽，停留时间约 10 ~ 30 min，可使薯粉含水率降至 7 % ~ 9 %。

雪花全粉生产中薯泥的干燥采用滚筒干燥机进行。滚筒干燥机主要工作部件为干燥滚筒，布料段的周向分布 4 ~ 5 个布料辊，逐级将薯泥碾压成薄膜并附着在干燥滚筒表面，物料干燥后由刮刀将薄膜片刮下，经粗粉碎再由螺旋输送机输送至粉碎机，按要求粉碎到一定粒度。粉碎粒度不宜太细，否则会使碎片周围的细胞破裂，游离出的自由淀粉增多，使产品复水后黏度增加。物料成膜厚度和质量与前段切片、预煮、冷却、蒸煮等工艺相关，调整工艺参数时，应几道工艺联合调整，保证雪花全粉的产量和质量。

计量包装——马铃薯全粉的计量包装可以人工完成，也可以采用马铃薯淀粉的计量包装自动化设备。

全粉加工的主要设备

除石设备：见“马铃薯速冻薯条加工”相关内容。

清洗设备：马铃薯全粉加工常用的为鼠笼式清洗机，见“马铃薯淀粉加工”相关内容。

去皮设备：马铃薯全粉加工中多用蒸汽去皮机对马铃薯进行去皮作业，其去皮损失少，去皮后薯块表面光滑，效果好，利于提高产品质量。见“马铃薯速冻薯条加工”相关内容。

切片设备：其原理为利用物料旋转时产生的离心力，使物料与固定立刀相切，得到切片。该机可以连续生产，其主要结构如图 2-7-1 所示。切片机主要由机座、蜗壳、转盘、定刀、调整螺钉及控制系统等组成，物料经入料口进入转盘，电机通过皮带驱动转盘高速旋转，物料在离心力的作用下紧贴蜗壳滑动，当物料与立刀相切时，设定厚度的物料被切掉，并从出料口滑出。切片厚度是由厚度调节板末端与立刀刃口相对距离决定的。

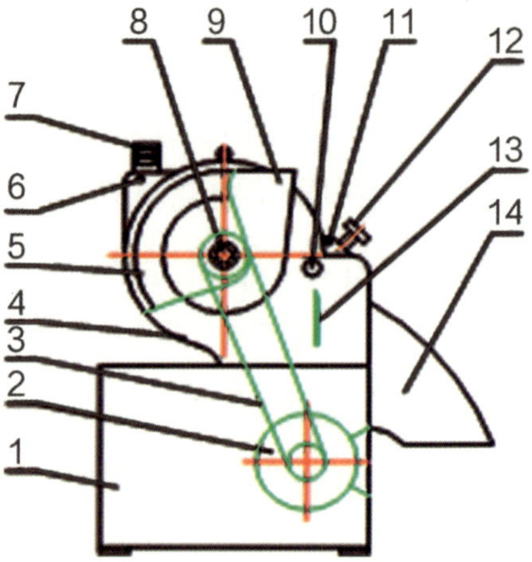

1. 机座 2. 电机 3. 皮带、带轮 4. 蜗壳 5. 转盘 6. 调整螺钉 7. 电源开关 8. 转盘螺母 9. 入料口 10. 侧门开关锁 11. 锁定螺栓 12. 厚度调节板 13. 立切刀 14. 出料口

图 2-7-1 切片机结构示意图

漂烫设备：常用的漂烫设备为螺旋式漂烫机，见“马铃薯速冻薯条加工”相关内容。

冷却设备：常用的冷却设备为螺旋式冷却机。经过漂烫的片料从喂料口进入冷却机内，冷却水中的物料由螺旋推动向前缓慢移动，经过一定时间冷却后被送出。冷却水与物料逆向运动，逐步降温，在物料出口位置冷却水温度最低，根据冷却效果，调整螺旋转动速度，延长或缩短冷却时间。冷却机结构如图 2–7–2 所示，主要由螺旋输送系统、冷却水循环系统、出料系统、控制系统及机架组成。冷却水经出料端进水口注入机内，液位超过喂料端的溢流水口后流出。片料从喂料口进入，驱动输送螺旋推动片料向前移动，经过一段时间冷却，片料落入出料翻斗，转动出料。根据生产情况，适当调节添加的冷却水量，控制冷却温度。根据物料的特点和加工工艺，调整冷却时间和冷却温度，满足对不同品种马铃薯冷却效果的要求。

蒸煮设备：常用的蒸煮设备为螺旋式蒸煮机。物料从进口闭风器进入到蒸煮机内腔中，蒸煮机内腔中充满蒸汽，物料由螺旋推动向前缓慢移动并被蒸煮，经过一定时间后从出料口排出。蒸煮机结构如图 2–7–3 所示，主要由蒸汽加热系统、驱动系统、出料系统、控制系统及机架组成。物料从进口闭风器进入蒸煮机内腔中，被驱动输送螺旋推动向前缓慢移动，蒸汽通过蒸汽入口、蒸汽分配管多点分散方式进入蒸煮机内腔中，蒸煮过程中产生的冷凝水沿倾斜的底部向下流，

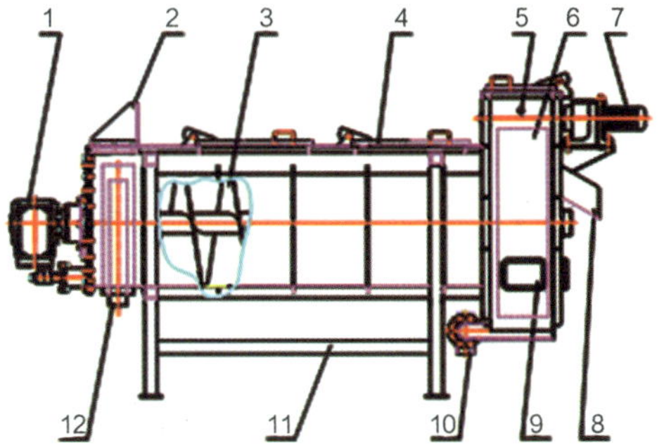

1. 输送减速机 2. 喂料口 3. 输送螺旋
4. 活动上盖 5. 进水口 6. 出料翻斗
7. 出料减速机 8. 出料口 9. 检修孔
10. 放水口 11. 机架 12. 溢流水口

图 2–7–2　冷却机结构示意图

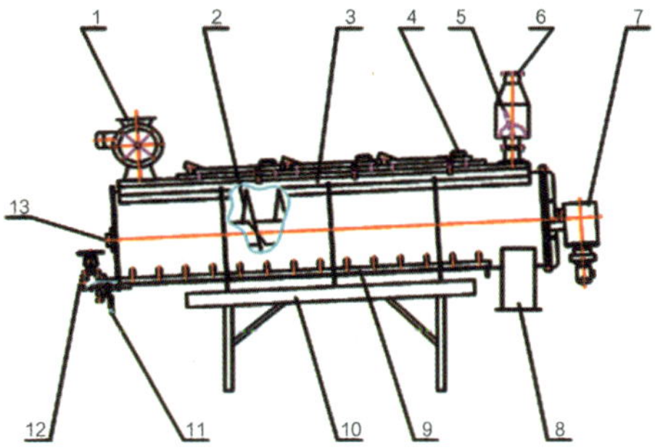

1. 进料口闭风器 2. 输送螺旋
3. 温度传感器 4. 活动上盖 5. 排汽水封管
6. 排汽口 7. 减速机 8. 出料口
9. 蒸汽分配管 10. 机架 11. 冷凝水出口
12. 蒸汽入口 13. 润滑进水口

图 2–7–3　螺旋式蒸煮机结构示意图

马铃薯加工

经冷凝水出口流出。在机体中部装有温度传感器，排汽口内安置有排汽水封管，以一定的水位封住蒸汽，减少蒸汽溢出，提高蒸汽利用率。水封管转动角度可以改变水封液位高低。当蒸煮机内腔中具有一定压力时，蒸汽就能穿透水封液面排出蒸煮机。物料在蒸煮机内蒸煮达到熟化的要求后从出料口排出。根据蒸煮情况，可以分别调整输送螺旋的转速和注入蒸汽量，即调整蒸煮温度和蒸煮时间，满足对不同品种马铃薯蒸煮效果的要求。蒸煮机外壳配置保温层，以便节约热能，提高蒸煮效率。

制泥设备：马铃薯雪花全粉生产中常用的制泥设备为螺旋挤压制泥机。经过蒸煮的原料从喂料口进入制泥机内，由旋转的挤压螺旋向前推进，螺旋的螺距前后分两种，B段螺旋的螺距小于A段，因此，在B段上两螺距之间容积有所减少，其物料承受挤压力进一步增加，物料被挤压穿过制泥栅网而成薯泥，从出料口进入下道工序。出料口上开有转动侧门，生产过程中，可打开侧门检查制泥效果。制泥机结构如图2-7-4所示，由进料口、挤压螺旋、壳体、制泥格栅、出料口和减速电机等组成。

马铃薯颗粒全粉生产的制泥拌粉工序采用拌粉机，将蒸煮过的马铃薯片制成细小的颗粒，再进行干燥，最终达到细胞破坏少、保持马铃薯原有风味、最终产品游离淀粉含量≤4%的生产要求。拌粉机的工作原理是：在矩形搅拌箱体内设置双排两列打棒轴，打棒与轴线有

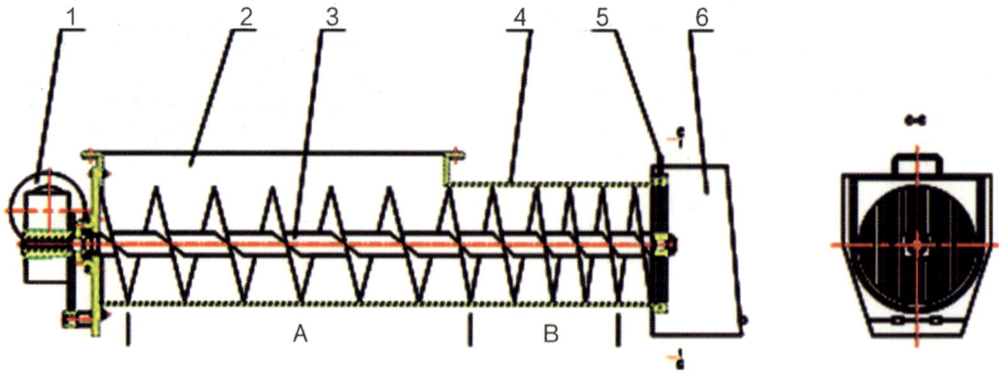

1. 减速电机 2. 进料口 3. 挤压螺旋 4. 壳体 5. 制泥格栅 6. 出料口

图2-7-4　螺旋挤压制泥机结构示意图

夹角，且沿轴向呈螺旋线排列。每列上下两排搅拌轴的转向均相同，每排两列搅拌轴的旋转方向相反，相向转动。工作时，将经过蒸煮后的马铃薯片与干燥的马铃薯颗粒全粉按一定比例（如 1 ：3）送入搅拌箱，由于打棒的冲击，马铃薯片被破碎，在打棒的搅拌与剪切作用下，分解成细小的颗粒，而其细胞基本不受破坏。同时经搅拌与回填物料混合成颗粒状。在此过程中由于打棒沿搅拌轴圆周方向呈螺旋线排列分布，随着轴的转动，物料被连续向前推进，完成制泥拌粉工序工作。拌粉机结构示意见图 2–7–5 所示。

干燥设备：马铃薯雪花全粉生产采用滚筒干燥机对薯泥进行干燥，其原理是利用注入滚筒内腔的蒸汽传递到滚筒表面的热能，将其表面黏附的薯泥薄膜迅速脱水干燥。

滚筒干燥机结构如图 2–7–6 所示，主要由主滚筒、辅助滚筒、刮刀装置、布料系统、驱动系统、蒸汽系统、废料输送装置、破碎及输送装置、排气罩组合等组成，主滚筒安装在具有组合轴承的机座上，干燥机整体要求稳固安装在混凝土基础上。

干燥机工作过程为：蒸汽通过旋转接头及空心轴注入主滚筒内腔，热能传递到主滚筒表面达到 170 ℃以上，由螺旋输送机或容积泵将马铃薯泥送到滚筒布料器系统，布料器沿主滚筒纵向均匀分布薯泥，滚筒布料器可实现正反向转动。辅助滚筒将马铃薯泥逐级碾入主滚筒与辅助滚筒之间，在主滚筒表面形成一层薯泥薄膜。主滚筒以 2 ～ 8 rpm 的转速转动，辅助滚筒

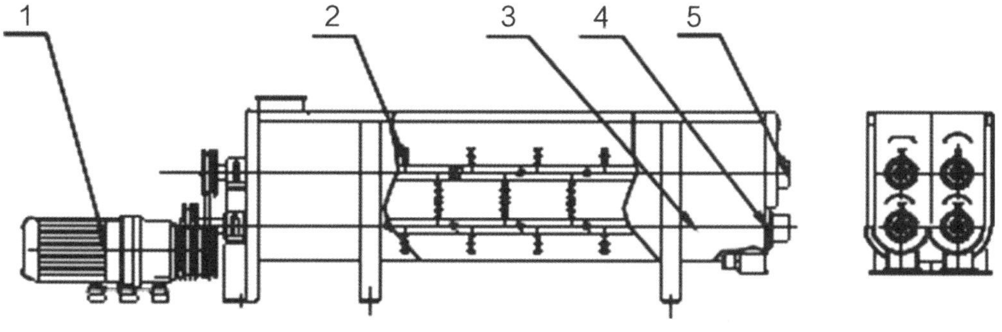

1. 电机 2. 打棒 3. 搅拌箱体 4. 下搅拌轴 5. 上搅拌轴
图 2–7–5　颗粒粉连续拌粉机结构示意图

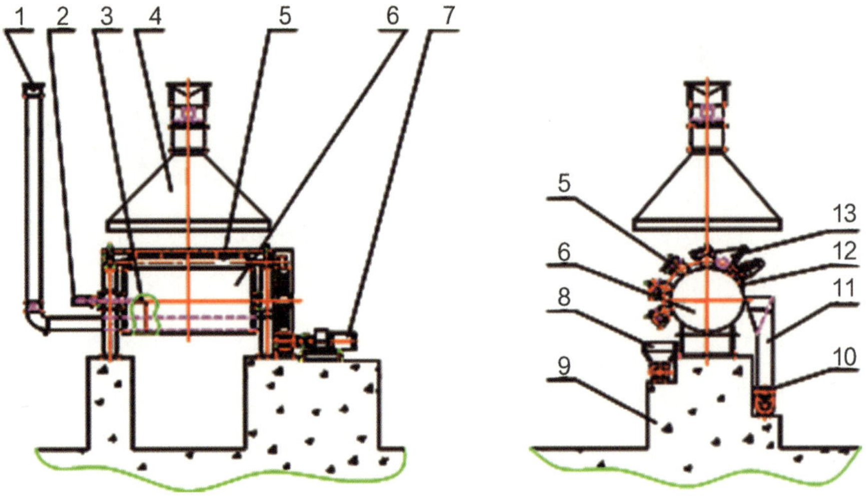

1. 辅助排气管路 2. 旋转接头 3. 冷凝水虹吸管 4. 主排气罩组合 5. 辅助滚筒 6. 主滚筒 7. 驱动装置 8. 废料输送装置 9. 混凝土基础 10. 破碎及输送装置 11. 导料箱 12. 刮刀装置 13. 布料器系统

图 2-7-6 滚筒干燥机示意图

由主滚筒的齿轮同步驱动。主滚筒内腔产生的冷凝水采用虹吸管并利用腔体内的蒸汽压力与疏水阀之间的压差使之连续通过旋转接头排出筒体外。黏结在主滚筒表面的薄膜得到迅速干燥，刮刀装置连续将干燥的薄膜刮下并落入导料箱、破碎装置及输送装置中。大部分被蒸发的水气由主排气罩组合排出，主滚筒下部与导料箱之间的水气由辅助排气管路排出。最下部的辅助滚筒上主要黏结的是皮渣等废料，定期将其刮下并由废料输送装置排出。

根据蒸汽压力高低、薯泥含水多少，通过变频调整主滚筒转速，保证雪花全粉产品水分指标的均匀一致。对物料的干燥是物料以薄膜形式黏附于滚筒表面为前提的，因而物料在滚筒表面的成膜厚度对干燥产品的质量有直接影响。薄膜形成的厚度与物料性质（形态、表面张力、黏附力、黏度等）、滚筒的转速、筒壁温度、筒壁材料等因素有关。

滚筒干燥机的主滚筒是合金铸铁的压力容器，因此，主滚筒升压、降压要严格按照相关规程进行。在主滚筒表面温度较高时，严禁用冷水冲洗主滚筒表面，否则，筒壁局部骤冷收缩极易造成损坏而出现裂纹。

气流干燥机如图 2–7–7 所示，是马铃薯颗粒全粉生产线的主要配套设备之一，用于颗粒全粉的干燥作业，具有效率高、能耗低、操作稳定和维修方便等优点，是性能理想的干燥设备。

马铃薯颗粒全粉生产干燥工序采用气流干燥机和流化床干燥机组合的干燥工艺和设备。颗粒全粉干燥采用的气流干燥是一种连续式高效固体流态化干燥方法，也称为“瞬间干燥”。气流干燥机是一种通用设备，主要用于粉状物料的干燥，

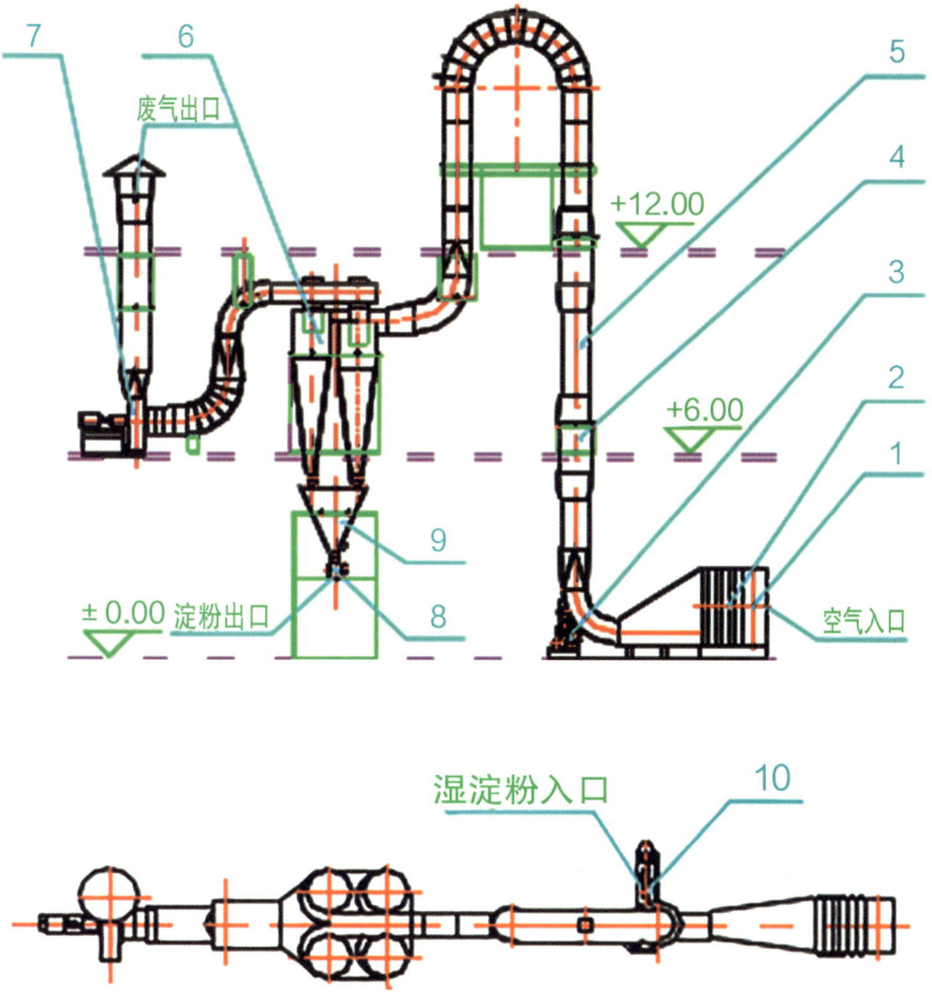

1. 空气过滤器 2. 热交换器 3. 进料扬升器 4. 脉冲管 5. 干燥管 6. 旋风分离器 7. 风机 8. 闭风器 9. 集料仓 10. 螺旋加料器

图 2–7–7 气流干燥机的外形和主要结构示意图

广泛应用于食品、制药、化工等行业。其工作原理是使热空气与被干燥物料直接接触，并使被干燥物料均匀地悬浮于热空气中，以达到物料干燥的目的。气流干燥机主要特点为干燥强度大、干燥速度快、热效率高、处理量大、干燥产品范围广、结构简单、占地面积小、制造方便，可实现自动化连续生产，且对于热敏性或低熔点的物料在干燥过程中不会造成过热或分解而影响其产品质量。

振动流化床干燥机是由振动电机产生激振力使床体振动，物料在给定方向的激振力作用下跳跃前进，同时床底输入的热风使物料处于流化状态，物料颗粒与热风充分接触混合，从而达到预期的干燥效果。其工作原理是物料从进料口进入，振动槽上的物料与振动槽下部通入的热风接触传热并跳跃前进，湿空气由引风机引出，干物料由出料口排出，结构如图 2-7-8 所示。

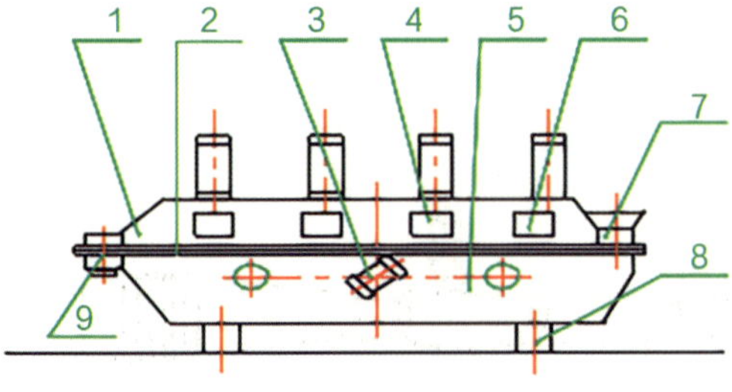

1. 上箱体 2. 振动槽 3. 振动电机
4. 观察窗 5. 下箱体 6. 出风口 7. 进料口
8. 隔振弹簧 9. 出料口

图 2-7-8　振动流化床干燥机（主机）示意图

筛分设备：马铃薯雪花全粉主要采用筒筛对要干燥的大块片料进行筛分和除杂。其工作原理为转动的粉碎打板将大块片料破碎成雪花状小片，通过筛孔排出机外，其结构如图 2-7-9 所示，主要由机架、驱动系统、粉碎打板、筛网等组成。减速机驱动粉碎打板高速旋转，干燥的大块片料进入入料口由喂料螺旋推入筒筛内腔的圆弧筛网，内腔高速旋转的粉碎打板连续撞击片料，直至其破碎成雪花状小片，通过筛网孔落入出料斗，出料斗出口装有关风器，

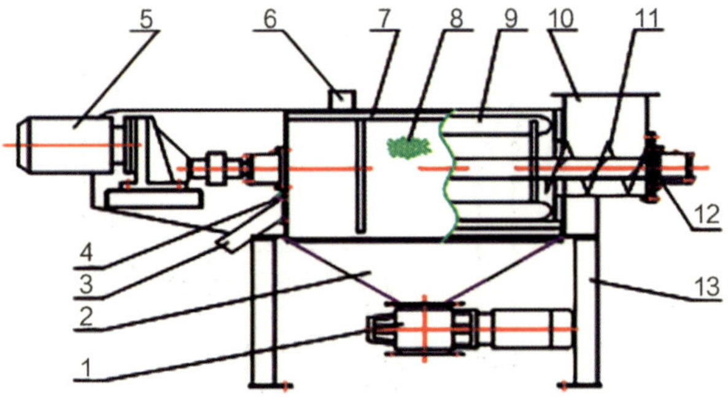

1. 出料口关风器 2. 出料斗 3. 废料出口
4. 废料活门 5. 减速机 6. 排气口 7. 压紧杆
8. 弧形筛网 9. 粉碎打板 10. 入料口
11. 喂料螺旋 12. 进气嘴 13. 机架

图 2-7-9　筒筛结构示意图

有效降低了随雪花片排出的粉尘飞扬。没有从筛网孔落下的硬片、湿料等从废料出口排出，转动废料活门的开度，可以调整废料排出的量。可以通过更换不同大小孔眼的弧形筛网来调整雪花片的尺寸，满足用户的各种要求。

粉碎设备：粉碎设备用于全粉生产线后段工序，主要采用多功能粉碎机对干燥后粗粉按要求进行粉碎，粒度要求较小时采用多功能粉碎机，粒度要求较大时采用筒筛。多功能粉碎机主要由进料斗、活动齿盘、固定齿盘、主轴、前盖、机架、电机、出料槽等部件组成，其活动齿盘固定在主轴上，固定齿盘安装在前盖上，结构如图 2–7–10 所示。其工作原理是物料从进料斗进入安装有活动齿盘和固定齿盘的粉碎室中，在高速旋转的活动齿盘与固定齿盘间，物料受到齿棒的撞击、剪切、摩擦及物料间的相互撞击而被粉碎，经筛网过滤后即成为所需粒度的产品。

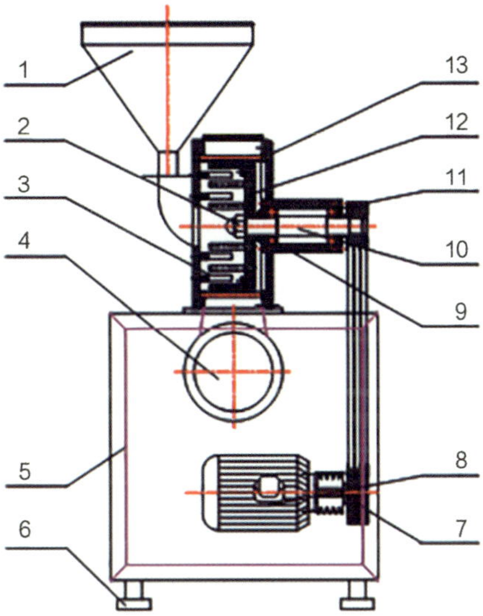

1. 进料斗 2. 锁紧螺母 3. 定齿盘
4. 出料口 5. 机架 6. 地脚 7. 传动机构
8. 电机 9. 轴承座 10. 主轴 11. 轴承
12. 动齿盘 13. 过滤筛网
图 2–7–10 多功能粉碎机示意图

包装设备：常用计量包装机主要由提升机、料仓、给料机构、称重装袋机构、缝包机、传送皮带等组成。计量包装系统通过称重、装袋、缝包工序完成计量包装。

马铃薯薯饼加工

将马铃薯（多为马铃薯加工的边角余料或小薯）切制成符合要求的粒状，以此为主料添加淀粉、调味品等辅料，按工艺要求经混合、成型、油炸、预冷、速冻等工序加工成的一定形状的薯类速冻食品。需在冷冻状态下保存、流通和销售，可在超市直接销售，亦可在快餐店、酒店等餐饮行业消费。食用前需经二次油炸熟化，外酥里嫩，薯香浓厚，佐以番茄酱等配料味道更佳。

薯饼产品标准

马铃薯薯饼目前尚没有相关的行业或国家产品标准，企业根据国家政策、市场需求和国内外产品质量制定薯饼产品的企业标准，其质量指标见表2-8-1。

薯饼的加工工艺

马铃薯薯饼加工工艺流程：

原料→清洗→去皮→修整→切片/切条→漂烫→冷却→切碎→混合→成型→油炸→预冷→速冻→称重包装

表2-8-1　马铃薯薯饼产品质量指标

序号	项目	指标
1	气味	应有的马铃薯风味，无异味
2	色泽	白色或淡黄色
3	形态	呈圆形、椭圆形或三角形等饼状
4	水分含量	60％～70％
5	卫生指标	符合相关的国家食品卫生标准

加工工艺描述：

原料——以鲜薯或加工薯条产生的边角余料、短条、碎条等为原料，无发绿和腐烂变质现象。

清洗——以鲜薯为原料时，须去除马铃薯表面泥土及脏物。

去皮——以鲜薯为原料时，须去除马铃薯表皮。

修整——以鲜薯为原料时，须去除芽眼内的脏物、未去净的薯皮及腐烂部分。

切片 / 切条——以鲜薯为原料时，须将修整后的马铃薯进行切片（片厚 5 ~ 10 mm）或切条（截面边长 5 ~ 10 mm），以利于漂烫处理。

漂烫——漂烫温度 75 ~ 85 ℃，漂烫时间 5 ~ 10 min。一方面起到灭酶防止氧化的作用，同时能有效降低糖分使油炸后产品色泽均匀一致；另一方面使马铃薯淀粉部分糊化，改变组织状态，保证产品质量。

冷却——循环水冷却 20 ~ 30 min，使漂烫后物料的温度降至 20 ℃左右，使淀粉老化回生。

切碎——将冷却后的薯片或薯条切成适宜粒度的薯粒。粒度太大，混合后成型难，油炸时易松散；粒度太小，黏度过大，混合不易均匀，成型不易脱模，复炸后薯饼口感不酥松。

混合——按工艺要求添加辅料，使其与切碎后的薯粒混合均匀，无结块，以便成型。常用的辅料有玉米面、小麦面粉、单硬脂酸甘油酯、盐、味精等。

成型——使用成型设备将混合好的物料挤压成要求的薯饼形状，要求形状完整、表面平齐。

油炸——油炸温度 160 ~ 175 ℃，油炸时间 1 ~ 2 min。目的是脱去一定量的水分，固定薯饼形状，同时使产品具有良好的外观颜色，使产品复炸后具有良好的口感。

预冷——为提高速冻效率并减少能耗，利用室外冷空气或机械制冷等方式对油炸后的薯饼进行冷却降温。

速冻——在较短时间内深冷速冻，使薯饼中心温度快速降到 −18 ℃以下，利于冷藏保质。

称重包装——按产品市场销售规格进行称重（电子秤）包装，要求环境温度 0 ~ 5 ℃，包装后尽快冷藏。

薯饼加工的主要设备

清洗设备：见“马铃薯鲜切半成品加工”相关内容。

去皮设备：见“马铃薯鲜切半成品加工”相关内容。

切制设备：见“马铃薯鲜切半成品加工”相关内容。

漂烫设备：见“马铃薯脱水制品（薯干、薯片、薯丁）加工”相关内容。

冷却设备：见“马铃薯脱水制品（薯干、薯片、薯丁）加工”相关内容。

切碎设备：冷却后的薯片或薯条切制粒度太大，混合后成型难，油炸时易松散。粒度太小，黏度过大，混合不易均匀，成型不易脱模，且效率低。常用切碎设备为多功能切碎机，将薯片或薯条切成适宜粒度的薯丁或粒状物料，便于与其他辅料混合及成型。切碎机采用离心原理，使物料在离心力的作用下完成切制，其主要由切刀系统、调整装置、物料定位装置、传动系统、进料及出料装置、机架及控制系统等组成。根据要求的切碎粒度大小选择调整切刀组合，根据物料特性调整进料速度及定位装置，从而保证切制效果。

混合设备：薯饼原料混合搅拌机如图 2–8–1 所示，主要由搅拌轴、物料箱、传动系统、机架及控制系统等组成。采用双叶片搅拌轴对多种物料进行混合，搅拌充分，混合

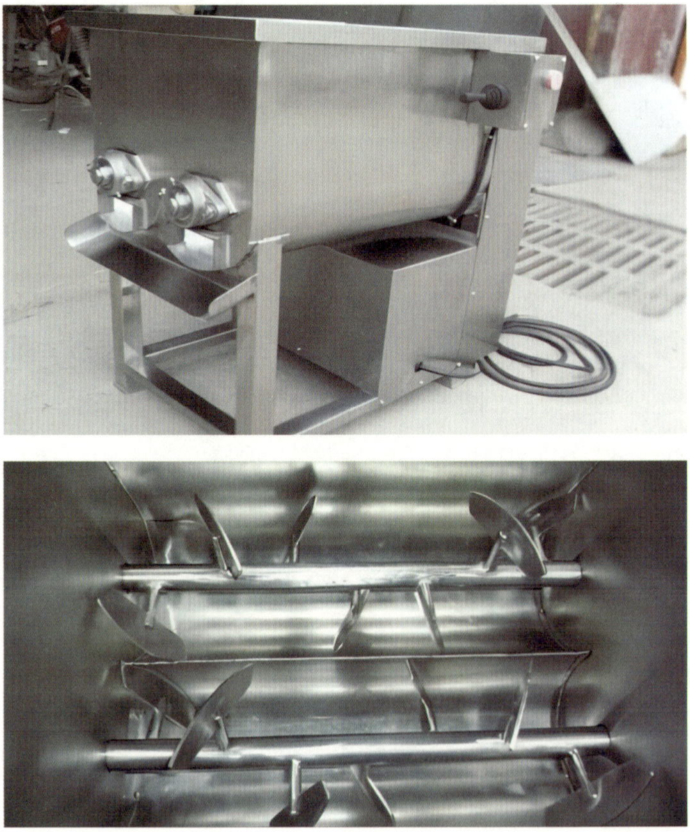

图 2–8–1　混合搅拌机及叶片搅拌轴

均匀，加料方便，出料快捷，与前后工序配套性好，易调节。

成型设备： 薯饼成型机如图 2-8-2 所示，主要由料斗及防架空装置、成型部件（模具及传动）、输送带、机架及控制系统等组成。采用机械传动，自动送料、充填、成型、输出，模具调整方便，根据物料特性和产品要求调整成型压力，压实紧密，易脱模。

油炸设备： 见“马铃薯速冻薯条加工”相关内容。

预冷设备： 见“马铃薯速冻薯条加工”相关内容。

速冻设备： 见“马铃薯速冻薯条加工”相关内容。

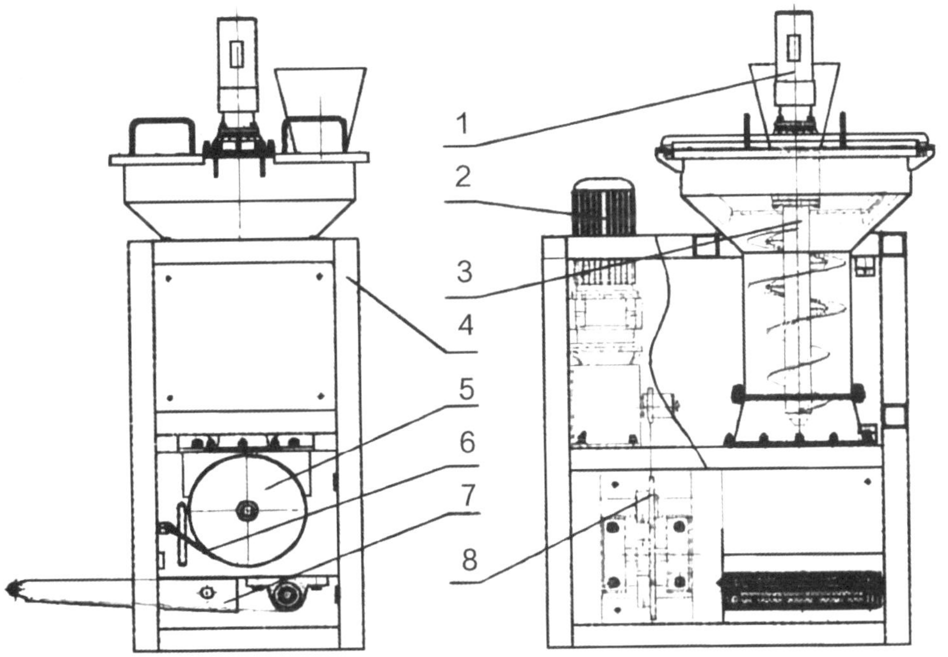

1. 伺服驱动系统 2. 主电机 3. 充填机构 4. 机架
5. 成型与脱模机构 6. 自动卸料机构 7. 输送带 8. 链轮传动系统
图 2-8-2　薯饼成型机结构示意图

马铃薯薯泥加工

马铃薯薯泥加工是将马铃薯按工艺要求经过清洗、去皮、切片（块）、漂烫、蒸煮后制成泥状的马铃薯食品。薯泥产品充分保持了马铃薯特有的香味和丰富的营养成分。随着我国马铃薯主食化战略的推进，薯泥的应用越来越广泛，可以直接食用，深受消费者青睐；也可以作为再制造食品的原料，方便快捷，且较使用马铃薯全粉的成本大大降低。

薯泥的主要用途

马铃薯薯泥主要用于鲜食，或作为再制造食品的原料。

薯泥产品标准

马铃薯薯泥目前尚没有相关的行业或国家产品标准，企业根据国家政策、市场需求，参考国内外薯泥质量制定薯泥产品的企业标准，其质量指标见表 2–9–1。

薯泥的加工工艺

薯泥加工工艺流程：

表 2–9–1　马铃薯薯泥产品质量指标

序号	项目	指标
1	气味	应有的马铃薯风味，无异味
2	色泽	保持马铃薯原有颜色，无斑点
3	质地	细密均匀的泥状
4	水分含量	70% ~ 80%
5	卫生指标	符合相关的国家食品卫生标准

马铃薯→清洗→去皮→修整→切片→漂洗→漂烫→蒸煮→制泥→称重包装

加工工艺描述：

原料——选择固形物含量高、还原糖含量低的马铃薯，其出品率高，不易褐变。马铃薯原料应无发芽、发绿、腐烂、病变现象。

清洗——去除杂质，清洗马铃薯表面的泥土污物，清洗后尽快加工。

去皮——去除清洗后马铃薯的表皮，去皮后的马铃薯应减少与空气的接触，防止褐变。

修整——去除芽眼内的脏物、未去净的薯皮及腐烂部分。

切片——将马铃薯切制成厚度为 10 ~ 20 mm 的薯片，以便快速而均匀的漂烫及蒸煮。

漂洗——将切制的薯片进行漂洗，去除表面游离淀粉，利于后续加工及产品质量。

漂烫——漂烫温度 70 ~ 85 ℃，漂烫时间 10 ~ 15 min，根据不同的马铃薯品种及加工时的成分含量进行调整。漂烫起到灭酶防止氧化的作用，同时固化马铃薯的组织，有利于保留马铃薯营养及风味，提高薯泥产品质量。

蒸煮——常压下用蒸汽进行蒸煮，熟化薯肉，固化细胞，使淀粉、蛋白质等充分糊化或变性，以利于破碎制泥，蒸煮温度 95 ~ 100 ℃，蒸煮时间 20 ~ 40 min，根据不同的马铃薯品种及加工时的成分含量进行调整。蒸煮的时间同原料的品种及干物质含量有一定的关系，一般情况下干物质含量越高其蒸煮时间相对越短。蒸煮时间过长，细胞壁过度软化，制泥时产品黏度较大。

制泥——将熟化的马铃薯片挤压成泥状，尽可能保证细胞完整性，保持马铃薯的独特风味、口感和营养。根据薯泥用途的不同要求，调节制泥颗粒的细腻程度。

称重包装——根据不同消费需求，对薯泥进行不同形式的包装，可由人工或自动定量包装机完成。包装后根据需要进行低温（4 ℃）或冷冻（−18 ℃）保藏。

薯泥加工的主要设备

清洗设备：见“马铃薯鲜切半成品加工”相关内容。

去皮设备：见“马铃薯鲜切半

成品加工”相关内容。

切片设备：见“马铃薯全粉加工”相关内容。

漂洗设备：见“马铃薯鲜切半成品加工”相关内容。

漂烫设备：见“马铃薯脱水制品（薯干、薯片、薯丁）加工”相关内容。

蒸煮设备：常用的有带式蒸煮机和螺旋式蒸煮机。

螺旋式蒸煮机见“马铃薯全粉加工”相关内容。

带式蒸煮机主要由蒸煮箱体、输送带、蒸汽加热系统、驱动系统、自动控温系统、机架等组成，如图 2-9-1 所示。输送带选用不锈钢菱形编织网带，蒸汽直接作用于物料，蒸煮效果好。自动控温系统包括蒸煮箱体内蒸汽管路的合理布置和蒸汽进入设备之前的控制、高性能传感器等，保证蒸煮机内部蒸汽均匀分布，且根据不同的物料设定不同的温度自动调节蒸汽流量。输送带转速可调，确保蒸煮时间，以适应不同品种及储存状态的马铃薯原料。

图 2-9-1　自动控温带式蒸煮机

制泥设备：常用的有滚筒压带制泥机和螺旋挤压制泥机。

螺旋挤压制泥机见“马铃薯全粉加工”相关内容。

滚筒压带制泥机采用“滚筒+压带”技术，在实现挤压制泥的同时，去除薯皮等杂质，让薯泥颗粒更细腻。滚筒压带制泥机主要由滚筒、压带、机架及动力系统等组成，如图 2-9-2 所示。经蒸煮的薯片由滚筒和压带之间进入，压带和滚筒相切，相向转动，压带挤压薯片通过滚筒上的通孔制成薯泥，根据薯泥颗粒度要求可更换不同孔径的滚筒，滚筒内装导向板将薯泥排出进入下道工序。压带采用特殊食品级材料，带厚 15 ~ 20 mm，具有一定弹性，保证与滚筒充分接触，将蒸煮后的薯片压制成泥，并满足产品要求的细胞完整度、均匀性、细腻度和风味口感。

图 2-9-2　滚筒压带制泥机

马铃薯淀粉加工

马铃薯是世界上除玉米、小麦以外的第三大淀粉原料作物，特别是在高寒地区，马铃薯显得更为重要。马铃薯淀粉具有颗粒大、类脂化合物及蛋白质含量低、抗切割性、无味等特殊的理化性质，因此备受加工企业和消费者欢迎，应用广泛。鲜马铃薯经清洗、锉磨破碎、纤维筛分、淀粉提取、脱水、气流干燥等工序加工制成淀粉，不再具有马铃薯的风味和营养价值。

淀粉的主要用途

马铃薯淀粉的用途很广，除直接食用外，已普遍应用于医药、化工、造纸等重要工业领域，又可加工成各种变性淀粉、糊精、糖等。美国、日本等发达国家直接以马铃薯为原料加工的各类食品已有三百多种，制成淀粉、各种类型的变性淀粉及淀粉深加工产品达上千种。

应用于食品工业：淀粉是人类主要的食品，是身体热能的主要来源之一。淀粉制成的食品如粉条、粉丝、粉皮等，其原料以薯类和豆类淀粉为宜。糖果制造时除用大量淀粉生产的饴糖外，还使用原淀粉和变性淀粉。淀粉的流变学特性、膨化特性可以广泛应用于方便面、膨化食品、饼干专用粉、蛋糕专用粉等。市场上流行的火腿肠、肉制品、冷冻食品、冰激凌等都要用淀粉作为填充剂、保潮剂、乳化剂、增稠剂、黏合剂等。淀粉经微生物发酵可以制取赖氨酸、柠檬酸、酱油等。淀粉还是淀粉糖工业的基础原料。

应用于医药工业：淀粉及其衍生物大量用于制药及临床医疗等方

面。在制药工业中，广泛用于药膏基料、药片、药丸的制作中，起到黏合、冲淡、赋形等作用。在临床医疗中，主要用于牙科材料、接骨黏固剂、医药手套润滑剂、诊断用放射性核种运载体、电泳凝胶等领域。压制药片是由淀粉做赋形剂起黏合和填充作用，有些药物用量很小，必须用淀粉稀释后压制成片供临床应用。另外，淀粉吸水膨胀，有促进片剂的崩解作用。淀粉制成淀粉海绵经消毒放在伤口上有止血作用。葡萄糖的生产主要原料是淀粉，抗生素类、维生素类、柠檬酸、溶剂、甘油等发酵工业的很多产品也都是用淀粉转化生产的。

应用于纺织工业：纺织工业很久以来就采用淀粉作为经纱上浆剂、印染黏合剂以及精整加工的辅料等。淀粉的上浆性能虽不及化学浆料，但淀粉资源丰富、价格低廉，通过适当的变性处理，可使淀粉的性能得到改善，提高黏度的稳定性，能代替部分化学浆料，使纺织品的成本降低，且容易使用，又减少化学污染。因此，淀粉及其衍生物一直是纺织行业的主要浆料，约占世界市场的 2 / 3。淀粉用于印染浆料（也称黏合剂），可使浆液成为稠厚而有黏性的色浆，不仅易于操作，而且可将色素扩散至织物内部，从而能在织物上印出色泽鲜艳的花纹和图案。在织物精整加工时用淀粉及其衍生物作浆料，可使织物平滑、挺括、厚实、丰满，同时使手感和外观都有很大改善。在织物精整加工时用淀粉及其衍生物作洗涤浆剂，可以防止污染，增强光泽。棉、麻、毛、人造丝等纺织工业用淀粉浆纱，可增加纱的强度，防止纱与织机直接摩擦。使用变性淀粉作浆料可提高纺织品质量并降低成本。淀粉糖有还原染料的作用，能使颜色固定在织物上而不褪色。用淀粉、变性淀粉配制成的黏合剂可用于印染、织物后整理和黏结短纤维。

应用于造纸工业：造纸工业是继食品工业之后最大的淀粉消费行业。造纸工业使用大量淀粉用于表面施胶、内部添加剂、涂布、纸板黏合剂等，以改善纸张性质和增加强度，使纸张和纸板具有良好的物理性能、表面性能、适印性能和其他方面的特殊质量要求。淀粉用于表面施胶，可赋予纸张耐水性能，改进纸张的物理强度、耐磨性和耐水性，使纸张具有较好的挺度和光滑度；用于内部施胶，可以提高浆料及纸的表面强度；用于颜料涂布，可以改善纸页的表面性能，提高适印性、耐水性、耐油性及强度；用于纸板、纸袋、纸盒及其他纸加工方面的黏合剂，能够增强纸板的物理性能和外观质量。由于淀粉价格低，用法简易，废水排放少，因此，作为造纸业的重要辅料被沿用至今。而且随着造纸业的发展，对淀粉的需求量不断增大，变性淀粉代替干酪素用于造纸，纸张可长久保存不致发生腐败现象。

应用于化学工业：淀粉是一种重要的化工原料。淀粉或其水解产物葡萄糖经发酵可产生醇、醛、酮、酸、酯、醚等多种有机化合物，如乙醇、异丙醇、丁醇、丙醇、甘油、甲醛、醋酸、柠檬酸、乳酸、葡萄糖酸等。糖浆或葡萄糖经黑酵母的酵母菌发酵得到一种黏多糖——普鲁蓝，用它可制成强度与尼龙相似的纤维，热压成光泽、透明度、硬度、强度、柔韧与聚苯乙烯相似的生物塑料。淀粉与丙烯腈、丙烯酸、丙烯酸酯、丁二烯、苯乙烯等单体接枝共聚可制取淀粉共聚物，如淀粉与丙烯腈的共聚物是一种超强吸水剂，吸水量可达本身重量的几百倍，甚至1000倍以上，可用于沙土保水剂、种子保水剂、卫生用品等。近年来，许多国家的研究表明，淀粉在生产薄膜、塑料、树脂中能使其具有新的优良性能。淀粉添加在聚氯乙烯薄膜中可以使该薄膜不透水（宜作雨衣），也可以使该薄膜具有霉菌微生物分解性能（宜作农膜）。淀粉添加在聚氨酯塑料中，既起填充作用，又起交联作用，可以使制品增加强度、硬度和抗磨性，并使制品成本降低。利用淀粉这一天然化合物生产化工产品，价格低廉，污染小。随着科学技术的进步，产量不断增加，品种不断增多，质量不断提高，淀粉作为化学工业的重要原料，具有现实和长远发展的广阔前景。

应用于制糖工业：淀粉糖是人类食品中一大类具有一定物理、化学性能以及生理效果的碳水化合物，是以淀粉为原料通过各种分解、合成、转化组成的六碳糖为基本单元的组合。淀粉糖的生产历史悠久，我国两千多年以前就开始用淀粉制糖。淀粉糖品种繁多，主要品种有葡萄糖、果糖、异构糖、麦芽糖、低聚糖等。淀粉糖味甜、温和、纯正，渗透压较高，储存性好；黏度较高，能提高罐头、饮料、冷饮的稠度和可口性；吸湿性较高，能使面包、糕点类食品保持水分，酥松可口；能防止蔗糖结晶，增加果糖的韧性、黏度和强度。因此，淀粉糖在饮食工业中的应用日趋广泛。

其他应用：淀粉经改性还可以用于去污肥皂的添加剂，铸造工业的砂芯黏合剂，冶金工业的浮选矿石抑制剂，橡胶制品的润滑剂，石油工业的钻泥带水剂，干电池的添加剂，工业废水处理剂，建材工业的黏合剂，涂料、装饰工艺品、化妆品的填充剂等。

淀粉产品标准

现有的马铃薯淀粉产品标准是由中国商业联合会提出、国家质量监督检验检疫总局和国家标准化管理委员会发布的国家推荐性标准《食用马铃薯淀粉》（GB / T 8884），该标准规定了食用马铃薯淀粉的技术要求、检验方法、检验规则、验收规则以及标签、标志、

表 2-10-1 食用马铃薯淀粉产品感观要求

序号	项目	指标		
		优级品	一级品	合格品
1	色泽	洁白带结晶光泽	洁白	
2	气味	具有马铃薯淀粉固有的气味，无异味		
3	杂质	正常视力下无可见外来物质，无砂齿		

表 2-10-2 食用马铃薯淀粉产品理化要求

序号	项目	指标		
		优级品	一级品	合格品
1	水分（%）	≤ 20.00		
2	灰分（干基）（%）≤	0.30	0.40	0.50
3	蛋白质（干基）（%）≤	0.10	0.15	0.20
4	黏度（4 % 干物质计，700 cmg）（BU）≥	1 300	1 100	900
5	斑点（个 / cm^2）≤	3.00	5.00	9.00
6	细度［150 μm（100 目）筛通过率（质量分数）］（%）≥	99.90	99.50	99.00
7	白度（457 nm 蓝光反射率）（%）≥	92.0	90.0	88.0
8	电导率（μS / cm）≤	100	150	200
9	pH	6.0 ~ 8.0		

包装、运输、贮存和销售的要求，适用于以马铃薯为原料生产的食用淀粉，提出了马铃薯淀粉的感官要求和理化要求（见表 2-10-1、表 2-10-2），安全指标应符合 GB 31637 的规定。

淀粉的加工工艺

淀粉工业化加工工艺流程：

工业上生产马铃薯淀粉，一般采用连续性的机械作业。

马铃薯 → 除石 → 清洗 → 锉磨破碎 → 纤维筛分 → 淀粉提取 → 脱水 → 干燥 → 包装

加工工艺描述：

原料——根据加工淀粉的要求，对原料马铃薯进行质量检验，包括测定化学成分和感官检验，如是否有病害、虫害、腐烂变质、生芽、冻伤或机械损伤等情况。最主要的质量检验指标是测定马铃薯淀粉的含量。生产实践中常采用相对密度法来粗略地评价马铃薯淀粉含量的多少。具体操作是：先称取 5 kg 马铃薯，然后将这些马铃薯放入篮中，置于常温水中称重，根据马铃薯水中重量和淀粉含量之间的对应关系表即可查得淀粉含量。马铃薯在水中的质量越大，淀粉含量越多。

除石——马铃薯从产地运到工厂并贮藏在缓冲库里，由水力输送到前处理车间，在输送过程中去掉大部分石头、杂草等杂物，经除石机进一步去除混在马铃薯原料中的石块等杂质，以利于后续加工。

清洗——清洗是将马铃薯通过水流运输设备，用水初步冲洗之后，再送到清洗机内进一步洗涤，清洗干净后的马铃薯方可进入破碎工段。

锉磨破碎——将清洗后的薯块送入锉磨机中刨丝破碎，淀粉从破碎的细胞中游离出来，同纤维、蛋白质等物质一起输送至筛分单元进行纤维分离。

纤维筛分——将破碎后薯糊中的薯渣（纤维）进行分离，目前多使用锥筛 4 ~ 5 级串联，逐级分离，分离出薯渣后得到粗淀粉乳，薯渣则由最后一级锥筛排出。

淀粉提取——分离薯渣后的粗淀粉乳进入全旋流工作站，完成淀粉乳的浓缩、提取和精制。全旋流工作站由 16 ~ 18 级旋流器组成，旋流器内设置不同直径和数量的旋流管，淀粉乳以一定压力和速度进入旋流管，根据物料的不同比重，在离心力的作用下将淀粉、蛋白质和细纤维分离，比重较大的淀粉从旋流管底口流出，比重较小的蛋白质和细纤维则从旋流管的溢流口排出，实现淀粉与蛋白质和细纤维的分离。分离后通过逆流洗涤对淀粉进行精制，完成淀粉的提取。汁水（含有蛋白质、细纤维等）另行处理，或回收蛋白，或再利用等。

脱水——经洗涤精制后的淀粉乳含水量在 60 % 左右，干燥前需进行脱水处理，使其含水量下降到 40 % 左右。

干燥——经脱水的淀粉进入气流干燥机进行干燥，借助蒸汽加热的空气，瞬时将湿淀粉干燥至含水量 18 % ~ 20 %，即为淀粉成品。

包装——干燥淀粉经筛分、品质检验后即可包装，工业化生产常用自动称重包装机进行包装。

淀粉加工的主要设备

原料输送：原料从料池（贮仓）送到除石、清洗工段通常由水力输送，由斗式提升机或块茎物料输送泵完成提升，再采用水力输送，在原料输送的同时可以对马铃薯进行浸泡清洗、除石等。

斗式提升机主要是将原料由低处输送至高处，通常置于清洗机的出口处，被清洗干净的马铃薯通过斗式提升机被输送至锉磨机上方的储料斗中，输送效率高，不会对原料造成损坏，是理想的提升输送设备，其主要由料斗、动力系统、机架等组成。

水力输送沟输送适用于机械化收获的马铃薯（尤其是在黏土地和黑土地种植的），其含有的杂质可能特别多，水力输送可以在输送过程中对马铃薯进行浸泡和清洗。水力输送沟输送是从原料贮存地点到加工车间的清洗间修一条输送沟，用洗涤块茎用过的废水经过沉淀后循环利用进行流水输送，马铃薯依靠水力作用沿着输送沟运行，这样可以使马铃薯在进入清洗机以前在流送途中洗去大部分泥土，输送沟的大小可根据产量而定。实践证明，马铃薯水力输送沟最好是带圆角的“U”形断面，圆角的弧半径应为沟宽的 1 / 4，输送沟最低宽度应为 200 cm，深应为宽的 1.5 ~ 2 倍。

为使流送方便，沟应有一定的坡度，一般在直线部分坡度为1%，弯曲部分为1.2％～1.4％，水的最低流速为0.65 m／s，水流量为输送马铃薯重量的4～7倍。

通过输送沟输送过来的马铃薯还要通过一定高度的提升进入加工车间，原料的提升可以通过斗式提升机来提升，也可以通过水力输送泵将原料提升到地面上的输送沟内，或者直接通过输送管路送入车间内进行进一步的清洗。如图2-10-1所示，图中介绍的无堵塞水力输送泵，不仅能用于马铃薯、红薯等薯类物料的输送，同时也可以输送西红柿、茄子、鲜活鱼类等物料。输送泵的大流量保证了物料的通畅、快速、高效运送。

原料预处理设备：

除杂主要是指去除杂草和马铃薯所附着与夹带的砂石。根据被除杂对象的不同，除杂设备大致可以分为两类：捞草设备和除石设备。

捞草设备分为动力型和非动力型两种，非动力型捞草器的特点是依靠铁钩和水流的自然流动来去除杂草、蔓秧和塑料薄膜等轻杂物。动力型捞草设备则是由电机驱动，

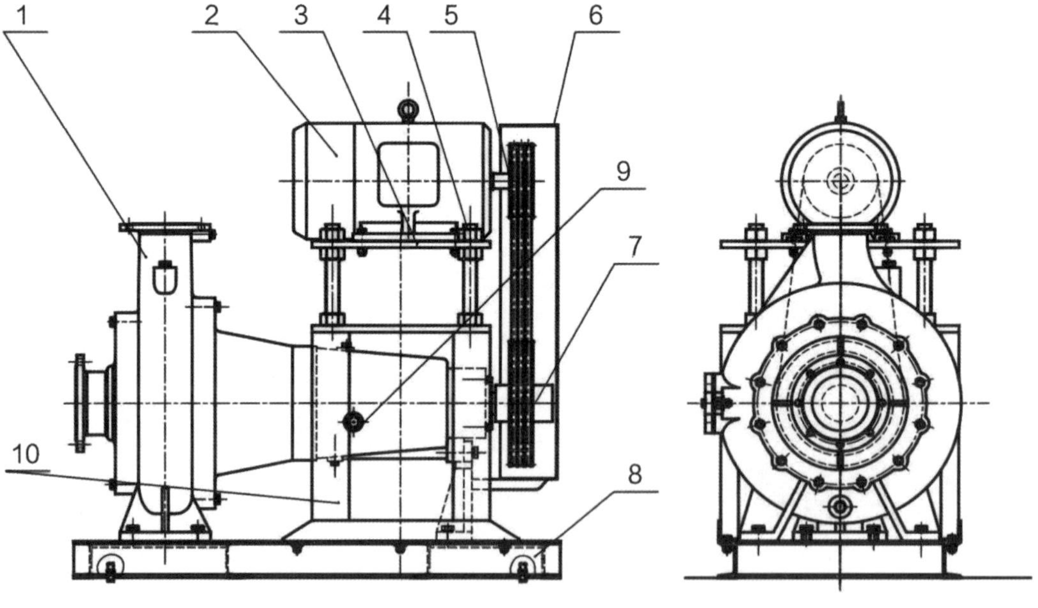

1. 泵壳 2. 电机 3. 电机底板 4. 调节螺杆 5. 小皮带轮 6. 带轮护罩 7. 大皮带轮 8. 机座 9. 油面透镜 10. 电机支架

图2-10-1 水力输送泵结构示意图

通过链条带动固定于其上的铁钩移动来捞取杂物。

常见的非动力型捞草器在流水槽上架一横楔，下悬一排编好的铁钩，钩向逆流，被钩住的草秆用人工及时捞出。该设备结构简单，成本低，且无能源消耗，使用效果较好，但需有专人看守并及时清除捞到的杂物。

常见的动力型捞草器为爪钩式捞草机，其爪钩的间距一般为 8 ~ 10 cm，捞除长度（爪钩在流水槽内行走距离）为 1.8 ~ 3 m，爪钩的运行速度可根据实际工作时水流的速度及马铃薯中所含杂物的多少进行调整。爪钩式捞草机可捞除 80 % 左右的杂草、蔓秧和塑料薄膜等轻杂物。

除石设备：经过除草后的马铃薯要去除石块等密度大的杂质。逆流螺旋除石机是一种卧式连续除石机械，它是一种既能连续通过马铃薯，又能连续捕除砂石的机械，其结构如图 2–10–2 所示。主要由输送螺旋、传动系统、机架等组成，螺旋驱动马铃薯块茎向前移动，清洗水则逆向流动，有利于石块等杂质的去除。螺旋除石机处理马铃薯的能力很大，一般处理马铃薯可达 30 t / h ~ 50 t / h。

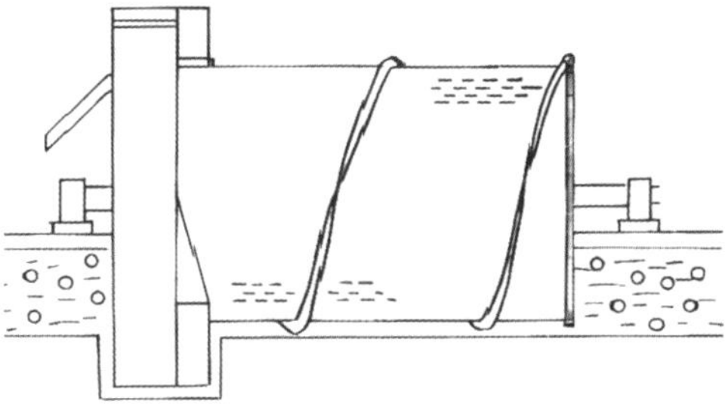

图 2–10–2　螺旋除石机结构示意图

清洗设备：常用的马铃薯淀粉加工清洗设备为鼠笼式清洗机，其结构如图 2–10–3 所示，主要由鼠笼式滚筒、传动部件和机壳等组成。鼠笼由扁钢条或圆钢条焊接而成，钢条间距 20 ~ 30 mm，滚筒内有螺旋导板，螺距 0.2 ~ 0.5 m。工作时，鼠笼直径的 1 / 3 左右浸在水中，马铃薯由加料口送入鼠笼的一端。在机器转动时，浸泡在水中的薯块一方面沿轴向运动，同时做圆周运动，薯块间相互碰撞、摩擦，薯块与钢条相撞击，从而洗去泥沙和部分表皮。洗涤水由出料端上的喷头加入，泥沙沉淀后从排污口排出，物料与冲洗水成逆流方向相遇将薯块清洗干净。为了清洗彻底，常将两台设备串联使用。

锉磨破碎设备：破碎的目的

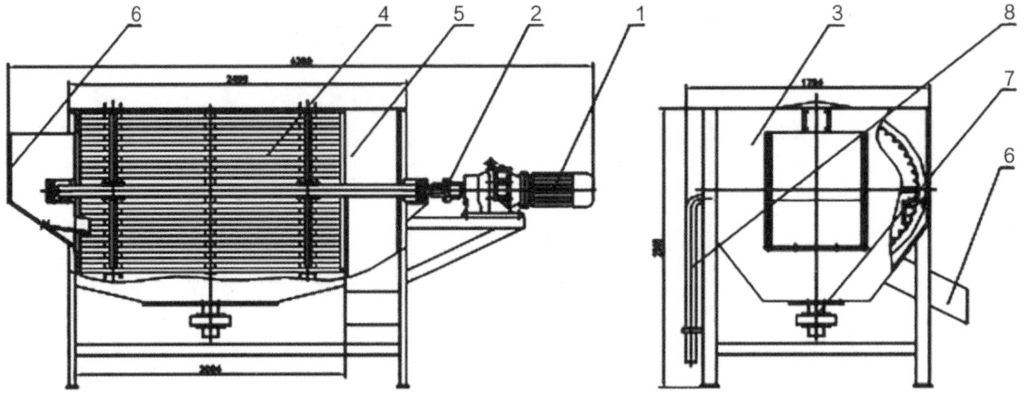

1. 减速电机 2. 联轴器 3. 作业箱体 4. 旋转滚筒 5. 出料翻斗
6. 进料斗 7. 排污闸阀 8. 溢流管 9. 出料口
图 2-10-3 鼠笼式清洗机结构示意图

是破坏马铃薯块的细胞，使细胞壁包裹着的淀粉颗粒游离出来，与纤维和蛋白质等其他成分能很好地分开，为提取淀粉创造有利的条件。如果破碎不充分，则会因细胞壁破坏不完全，使淀粉不能充分游离出来，造成在筛分过程中淀粉仍留存于薯渣中，降低了淀粉的得率；如果破碎过细，则会增加筛分的分离难度。马铃薯淀粉加工常用破碎设备为锉磨机。

锉磨机是破碎鲜薯的高效设备，生产效率高，动力消耗低，被粉碎的薯沫在显微镜下呈现丝状，有利于淀粉从纤维上分离出来，从而提高淀粉得率。锉磨机的结构如图 2-10-4 所示，主要由底架、转子、外壳体、筛片及驱动装置组成。锉磨机的所有部件均由不锈钢制成，外壳体上部配有一个带固定孔的进料口。为了便于快速检查锯条磨损情况，在壳体上部两侧边装有两个检修盖，在锉磨鼓的轴向中心下方两侧装有两个锉磨块，可允许锉磨鼓向两个方向旋转，工作时可任选其一。在两锉磨块下方之间装有一筛板，筛孔为 2 × 15 mm 的长圆形。为了使筛板固定牢固，底架上两侧

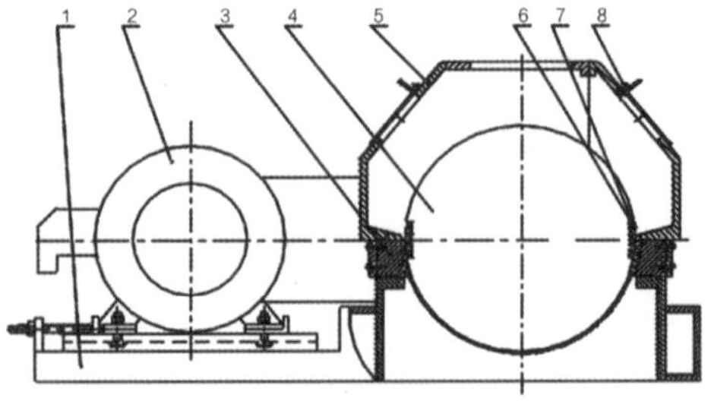

1. 底架 2. 电机 3. 粉碎块 4. 转鼓 5. 机壳
6. 锯条 7. 卡块 8. 观察窗
图 2-10-4 锉磨机结构示意图

装有与筛板曲率半径相近的夹紧装置。锉磨锯条固定在一对梯形夹板之间，将梯形夹板及锯条所组成的总成件一起压入轴向方向的周缘转子槽中。当转子以较高的速度旋转时，由于离心力的作用，总成件甩向外侧，从而最佳地固定好锯条。锯条每 10 mm 有锯齿 7 ~ 8 个，锯齿要高出转子表面 1 ~ 2 mm 左右。电动机通过皮带传动转子。马铃薯的粉碎程度取决于所用粉碎机的类型、粉碎机筛孔大小等因素。一般情况下马铃薯粉碎后的淀粉游离率为 85 % ~ 97 %。

纤维筛分设备：马铃薯经过破碎后得到的是薯糊混合物，除了淀粉占绝大比例外，还含有纤维和蛋白质等成分，筛分的目的就是把薯糊中的纤维和淀粉尽可能地分开。目前国内马铃薯淀粉加工企业普遍采用卧式离心筛用于淀粉生产工段的渣浆分离，具有筛分效率高、处理量大、密封好、噪声低、占地面积小、更换筛网方便、迅速等优点。

卧式离心筛采用卧式圆锥形筛胆结构，在锥形筛蓝的里面和背面均设置了水喷淋装置，能够均匀地向筛蓝喷淋清水，以将薯糊中的淀粉颗粒冲洗出来。同时喷水也能够提高淀粉颗粒和细纤维的运动速度以及筛蓝筛网的通透性。锥形筛蓝绕水平轴线旋转，薯糊通过进料中心管进入锥形筛蓝筛面，受离心力的作用，薯糊沿着筛胆壁圆周旋转，从筛胆小端向大端方向运动。在移动过程中，薯糊在离心力的作用下，浆液穿过筛网分离出来，落入集液槽内，由消泡泵将其泵到总浆管内。筛上纤维等物质落入大端前面的集料槽，由拉渣泵将其泵入后一级离心筛再进行分离。筛分工段一般都是四级以上单筛串联共同作业，四级筛、消泡泵、拉渣泵等根据不同工艺配管组合成离心筛站，筛站采用了全封闭工艺环境，分离效果好，自动化程度高。整体采用逆流洗涤方式，最大限度地降低了渣中的淀粉含量，减少淀粉损失。

淀粉提取设备：渣浆分离后，淀粉乳经自清过滤器进入复合旋流分离站，在旋流站内完成淀粉与蛋白、纤维的分离和淀粉洗涤，从最后一级旋流器出来的淀粉浆浓度达到 18 ~ 20 Be°。传统的马铃薯淀粉的分离、洗涤和浓缩是采用多台大型设备组合的方式来完成，整

个工艺中的分离环节仍以离心机分离为主。现代新工艺技术的主要趋势是采用水力旋流器替代复杂的设备组合，从而达到简化、高效、节能的目的。

根据处理能力的要求，将微旋流管并联组装在一起称为旋流器，微旋流管是旋流器的组成单元。根据浓缩和精制的需要，将旋流器的底流和溢流由管道按一定连接方式组合而成旋流分离站，旋流器是旋流站的单元。旋流器由旋流管组、壳体等组成，见图 2–10–5，旋流管组是通过上下压盘压紧的一组并联的旋流管，通过旋流器压盖把旋流管组压紧在腔内，把旋流器分为进料腔、底流腔和溢流腔，从而实现旋流管进料、溢流和底流的汇集。以旋流管为基本组成的旋流器按一定连接方式组成的多级旋流分离站可实现浆液中淀粉与蛋白等杂质的分离精制，如图 2–10–6 所示。

旋流器的动力装置是泵，通过泵实现各级旋流器之间的输送，从

图 2–10–6　全旋流工作站

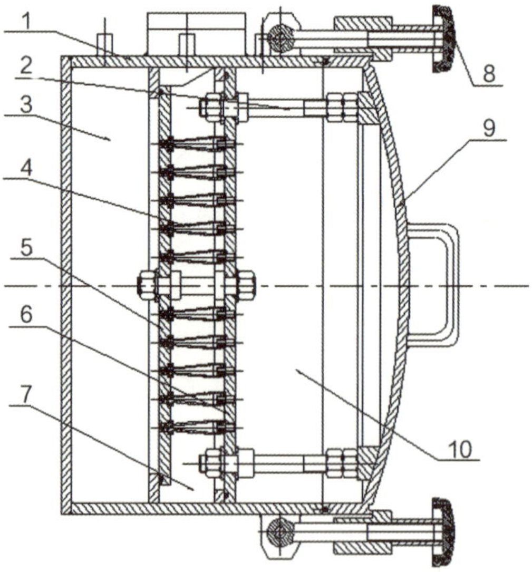

1. 旋流器箱体 2. 丝杠 3. 底流腔 4. 旋流管 5. 筛板Ⅰ 6. 筛板Ⅱ
7. 进料腔 8. 把手 9. 旋流器盖 10. 溢流腔

图 2–10–5　旋流器组成示意图

而使分离功能得到实现。因为各级旋流器的流量、干物含量不同，要求该泵在不同工况下，能保持较稳定的工作压力，以保证最佳的分离效果。

全旋流工作站是由系列部件组成，有 16 ~ 18 级旋流器组、16 ~ 18 台泵、供料和收集器、机架和封闭附件等。旋流器是全旋流站中的基础件，它由壳体和旋流管组件组成，旋流器按一定的工艺原理用管道连接。马铃薯糊在旋流器中分离成淀粉和杂质，靠离心力把悬浮液中的颗粒分离出来。在旋流器中离心力的产生是在进料压力作用下，按管内壁切线方向做旋转运动而形成的。比较重的淀粉颗粒在离心力的作用下甩向管内壁，在外层的旋转运动中浓缩料向下集中于排料口排出。轻杂质（渣）在内层旋转，流向上盖中心孔溢出，形成稀液。

脱水设备：马铃薯淀粉加工常用的脱水设备主要为真空脱水机，广泛用于淀粉、医药、食品、化工等行业的固液脱水分离。该设备全部选用不锈钢制作，旋转滚筒转速可变频调速，滚筒的清洗采用间歇式全自动冲洗，滤槽内配有桨式搅拌器，以防淀粉沉积，并配备连续调节式液面控制。

真空脱水机由机架、主轴、电机、减速器、进料连接口、滤槽、溢流口、回收连接口、搅拌器、冲洗水进口、气动刮刀、真空管连接口、检修人孔、旋转滚筒、搅拌器电机、滤布等组成。精制淀粉乳收集在旋转式真空过滤器前的缓冲罐内，罐内有搅拌器，淀粉乳被直接输送到真空过滤器，淀粉乳在脱水机表面经真空吸滤脱水，淀粉被刮刀刮下。真空过滤器配备水环真空泵，滤液被收集并泵到工艺水罐内再次利用，脱水后的淀粉经螺旋输送到下游烘干系统。

水平旋转滚筒的多孔表面覆有一层一定目数的滤布，在滤布与多孔筒壳间装有支撑网，旋流滚筒下部浸入滤槽，滤槽内装有一定液面高度的需脱水的淀粉乳液。通过真空泵与脱水机真空管的连接，使滚筒内压降低，滚筒内部与外部（大气）之间的压差作用，液体穿过滤布到达滚筒内部，通过滤液泵与回收连接口的连接管泵出。淀粉乳液中的固体（淀粉）不能穿过滤布并停留在滚筒表面，在滚筒面再次侵入淀粉乳液之前，气动刮刀装置连续不断地将固体（淀粉）从旋转滚筒表面刮下，并落入皮带输送机进入烘干工序。

干燥设备：经过脱水后的淀粉含有 40 % 左右的水分，为了便于运输和储存，必须进一步干燥处理，使含水量降至安全水分以下。目前所使用的设备是气流干燥机。

气流干燥机由热交换器、扬料轮机、干燥管、旋风分离器（沙克龙）、关风器、引风机、风机主管、尾气排放管等组成，如图 2-10-7 所示。

在干燥过程中，新鲜洁净的空气经过滤网除尘，并经热交换器加

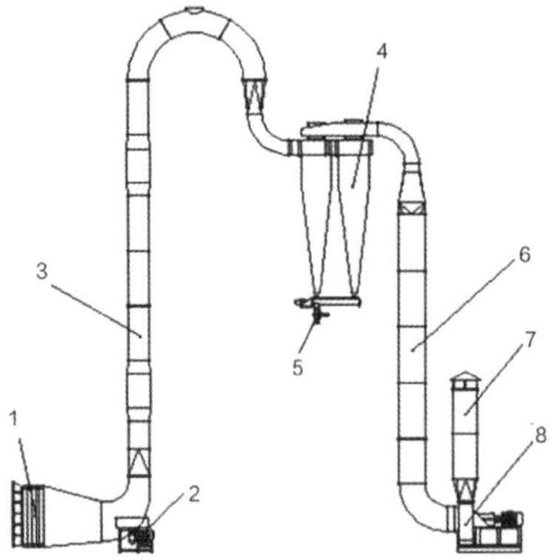

1. 热交换器 2. 扬料轮机 3. 干燥管
4. 旋风分离器（沙克龙）
5. 关风器 6. 风机主管 7. 尾气排放管
8. 引风机
图 2-10-7 气流干燥机结构示意图

热后，与从扬料轮机输送来的物料颗粒混合（也可采用特制的密封螺旋输送机输送颗粒物料），利用热空气作介质，把热能传给物料颗粒，使附着在物料颗粒表面上和一部分含在物料颗粒内部的水分变成蒸汽而混入干燥管中的气流当中。最后利用旋风分离器（沙克龙）、关风器将物料与空气、水蒸气分离，从而降低了物料的水分。干燥后的淀粉经下部的输送螺旋收集并输送到气流冷却系统，经过降温的淀粉成为成品直接打包或输送到料仓内，尾气通过引风机主管，经尾气排放管排出。此法虽然是高温干燥，但由于干燥处理在几秒钟内完成，因此淀粉不易焦化，质量较好。

筛分设备：经干燥后的淀粉，为了使淀粉的细度均匀，通常对淀粉进行过筛分级。马铃薯淀粉的筛分常用振动圆筛，筛网细度可调，筛下物料为成品进入成品仓中，进行品质检验即可进行包装。振动圆筛主要由筛框、筛网、振动电机、进料口、出料口、底座等组成。其工作原理是以振动电机作为动力源，振动电机转轴上、下端安装有不平衡重锤，通过振动电机的旋转

运动带动筛体筛面做水平、垂直、倾斜的周期性三维运动，即三次元运动，从而使筛面上的物料随筛体一同做定向踊跃式运动，小于筛面孔径的物料穿过筛孔落到下层成为筛下物，大于筛面孔径的物料经连续跳跃运动后从出料口排出。物料在筛面上做 45° 外扩渐开线运动时，运动轨迹最长，筛分效率最高。

计量包装设备：计量包装是马铃薯淀粉生产线上的最后一道工序。

马铃薯淀粉由烘干机下的成品筛下后，被输送到包装设备的料仓内。当料仓内物料达到一定料位时，包装秤接到料位信号开始工作，当包装袋内物料重量达到设定重量时，定量包装秤自动松袋，然后缝口，成品由带式输送机送至成品库贮藏，如图 2-10-8 所示。

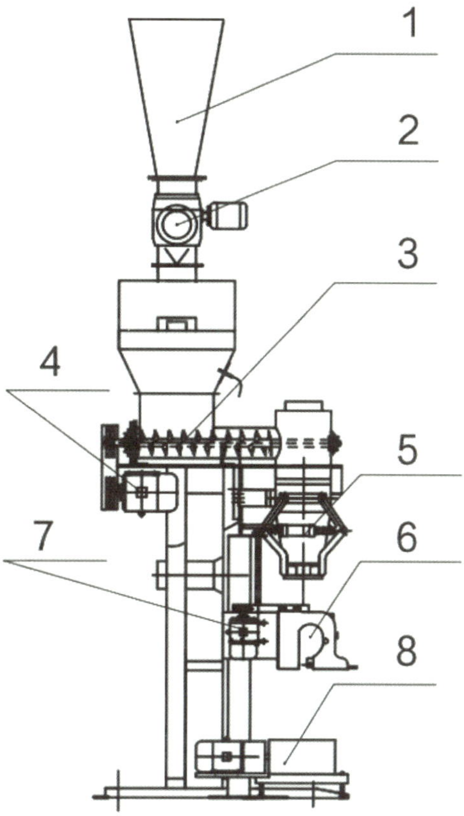

1. 进料斗 2、4、7. 电机 3. 螺旋推进 5. 计量秤 6. 缝口机 8. 传送底座

图 2-10-8 自动计量包装机结构示意图

马铃薯变性淀粉加工

马铃薯变性淀粉是以马铃薯淀粉为原料，利用物理、化学或酶法等手段来改变天然淀粉的性质（如糊化温度、热黏度、冻融稳定性、凝胶力、成膜性、透明性等），通过切断、重排、氧化或引入取代基于淀粉分子中而制得的淀粉衍生物，达到增加某些功能性或引进新的特性，更适合工业应用的要求目标，扩大应用范围。

变性淀粉的主要用途

变性淀粉的种类很多，已达2000多种，广泛应用于食品、造纸、纺织、医药、塑料、制革工业等领域。

应用于食品工业：在食品工业中，变性淀粉是重要原料之一，主要作为增稠剂、稳定剂、保水剂、成胶剂、黏合剂、防黏剂、上光剂、膨化剂等，用于罐头、肉制品、乳品、糖果、糕点、方便面、调味品、冷食、饮料等产品的加工中，可为食品提供优良质构，提高淀粉的增稠、悬浮、保水和稳定能力，使食品具有令人满意的感官品质和食用品质，同时还能延长食品货架稳定性和保质期，而且通过应用食用变性淀粉，使食品种类更加丰富多彩。常用的变性淀粉有冷水可溶淀粉、糊精、酸变性淀粉、交联淀粉、羟丙基淀粉、羧甲基淀粉及淀粉磷酸酯等。如在方便面生产中添加一定量的变性淀粉可提高面条的复水性，使其口感爽滑筋道，久泡不断条，不浑汤；速冻水饺、速冻汤圆、速冻包子、速冻春卷等速冻食品一般需要经过预冷、冷冻、冷藏和使用前的解冻过程，这个过程伴有复杂的流体与固体之间的相互转换，为保证细胞之间不生成大的冰晶体，减少细胞内水分析出，使成品解冻后汁液减少，往往需要在速冻食品中添加一些品质改良剂，变性淀粉就是其中之一。

应用于纺织工业：在纺织工业中应用的变性淀粉有交联淀粉、淀粉醚、淀粉酯、阳离子淀粉及淀粉接枝共聚物等，主要应用于：①用作经纱浆料。经纱上浆后，即可使单纤维间黏结力增加，提高纱线的强度及平滑性，使开口清晰，断头减少。用于经纱浆料的变性淀粉有酸处理淀粉、氧化淀粉、羟丙基淀粉、羟乙基淀粉、羟甲基淀粉、阳离子淀粉、尿素淀粉、磷酸酯淀粉、醋酸酯淀粉及接支淀粉。②用作印染用的糊料。在纺织印染中，由于水溶性染料没有黏性，不能成型，容易渗化，因此不能直接用作纺织印染溶液，必须采用一种稠厚的传递介质，这种介质就是糊料，糊料与染料调成色浆，才能在花色版上刮印，形成轮廓清晰的花纹图案。羟甲基淀粉、羟丙基淀粉、羟乙基淀粉、磷酸酯淀粉、黄糊精和接支淀粉可用作印染糊料。③用做织物的整理剂。聚酯纤维用作衣料时，不能吸汗，易吸附油污，衣料易带电，以前用亲水性物质进行加工处理，耐水性不好，用接支淀粉进行处理，纤维具有耐久的亲水性。

应用于造纸工业：在造纸工业中，纸制品的基本成分是纤维素，纸张的生产过程中，含有较多水的纤维浆液经压榨去水，使纤维素紧密相连以达到最佳结合。为此，必须将纤维素精磨成微纤维，增大交织面积，但过分精磨会失去固有的特性，如透气性、柔韧性和白度。如果在纤维浆液中加入某种变性淀粉，不仅可以保持纸张固有的特性，还可给纸张增添一些特殊性能，如增加纸张的抗拉强度，增加纸的光泽度，改善耐油墨性能和印刷性能，减少磨损和掉毛。造纸工业所用变性淀粉主要有次氯酸盐氧化淀粉、酸解淀粉、阳离子淀粉、淀粉磷酸酯、淀粉醋酸酯，其中应用最多的是阳离子淀粉，因为阳离子淀粉和带有负电荷的纤维素相互作用，在纤维素之间起到有效的点焊连接，对纸的质量具有明显的改善作用。

应用于医药工业：在医药生产中离不开变性淀粉，主要作为片剂的赋形剂（按作用分为稀释剂、吸收剂、黏合剂、润湿剂、润滑剂和崩解剂）和药用辅料，羟乙基淀粉、羟丙基淀粉用作代血浆。如多孔淀粉、环糊精和淀粉微球作为一种高效、无毒、安全吸附剂被广泛应用于医药制剂行业。在医药上作为片剂和微胶囊基材，多孔淀粉和环糊精将药剂吸附在淀粉孔中，可延缓释放药剂和防止药剂散失，提高其使用效果。

应用于塑料工业：利用淀粉和变性淀粉生产可降解塑料不仅是淀粉深加工所面临前所未有的机遇，且是治理“白色污染”、保护环境和生态平衡的有效途径之一，具有巨大的经济效益、社会效益和生态效益。用淀粉和其他聚合物，尤其是生物降解材料，制成塑料薄膜或注塑成各种制品，如淀粉和聚乙烯丙烯酸（EAA）制成吹塑膜，含淀粉高达 60% 时，仍显示良好的防水性能，不加增塑剂也有良好的柔韧性。

应用于制革工业：淀粉通过氧化作用后可以得到双醛淀粉，双醛淀粉是一种多醛基化合物，可以与皮革中蛋白质的氨基、亚氨基物质发生交联，因此可用来鞣革。另外，变性淀粉还可以作为填充剂、涂饰剂。用经过酶适当降解的淀粉与乙烯基类单体接枝聚合反应，得到一种性能优异的变性淀粉复鞣剂，对降低制革工业污染具有积极意义。

其他用途：在精细化工中，变性淀粉用于化妆品、洗涤剂、清洁剂、文具用品、黏合剂、涂料、建筑材料、皮革助剂等；在饲料工业中，变性淀粉用作鳗鱼饲料的黏合剂等；在农业、林业生产中，变性淀粉用于生产超吸水剂、土壤的稳定剂和调节剂等；在石油钻井工业中，变性淀粉作为油田化学剂中的水溶性聚合物，用于石油钻井液、压裂液和油气生产的原料之一；在建筑材料中，变性淀粉用作水质涂料、水泥硬化延缓剂等；在铸造工业，变性淀粉用作铸造砂芯的黏合剂等；在工业废水处理中作为絮凝剂、离子交换剂和螯合剂等。

变性淀粉产品标准

如前所述，变性淀粉的种类繁多，常用的、需求量大的变性淀粉基本上都有相应的产品及检测方法

表 2-11-1　部分变性淀粉产品及检测方法标准

标准号	标准名称
GB / T 8887-2021	淀粉分类
GB / T 12104-2022	淀粉及其衍生物术语
GB / T 20373-2021	变性淀粉中乙酰基含量的测定 滴定法
GB / T 20374-2006	变性淀粉 氧化淀粉羧基含量的测定
GB / T 20375-2006	变性淀粉 羧甲基淀粉中羧甲基含量的测定
GB / T 20376-2006	变性淀粉中羟丙基含量的测定 质子核磁共振波谱法
GB / T 20377-2006	变性淀粉 乙酰化二淀粉己二酸酯中己二酸含量的测定 气相色谱法
GB / T 33796-2017	热塑性淀粉通用技术要求
GB / T 38573-2020	预糊化淀粉
GB / T 40998-2021	变性淀粉中羟丙基含量的测定 分光光度法
FZ / T 15001-2008	纺织常用变性淀粉浆料
HG / T 3932-2007	工业用预糊化淀粉
HG / T 3933-2007	工业用氧化淀粉
SY / T 5353-1991	钻井液用改性淀粉

标准（国标或行标），难以逐一描述，这里仅列出几种供查询（见表 2-11-1）。

变性淀粉的加工工艺

将马铃薯淀粉用物理或化学方法进行深加工，改变了某些葡萄糖单位的化学结构，就成为不同类型的变性淀粉。变性淀粉的种类繁多，通过不同的途径可以获得不同的变性淀粉。

变性淀粉按处理方法分为三类：①物理变性淀粉——是指通过热、机械力、物理场等物理手段对淀粉进行改性而制得。物理方法处理后得到的淀粉基产品，处理过程没有发生化学变化，按其具体的处理方法包括预糊化淀粉、微细化淀粉、辐射处理淀粉及颗粒态冷水可溶淀粉等。通过物理改性，天然淀粉的很多物化性质都得到明显的改善，产品应用范围得到扩大。②化学变性淀粉——是将原淀粉经过化学试剂处理，发生结构变化而改变其性质，达到应用的要求。总体上可把化学变性淀粉分为两大类：一类是变性后淀粉的分子量降低，如酸解淀粉、氧化淀粉等；另一类是变性后淀粉的分子量增加，如交联淀粉、酯化淀粉、羧甲基淀粉及羟烷基淀粉等。③酶法变性淀粉（生物变性淀粉）——主要是通过酶作用改变淀粉的颗粒特性、链长分布及糊的性质等特性，进而满足工业应用需要的改性技术。通过酶改性技术生产的淀粉有抗性淀粉、缓慢消化淀粉及多孔淀粉等。

另外，复合变性淀粉——复合变性是指将淀粉采用两种或两种以上的方法进行处理。可以是多次化学改性处理制备复合变性淀粉，如氧化-交联淀粉、交联-酯化淀粉等；也可以是物理改性与化学改性相结合制备变性淀粉，如醚化-预糊化淀粉等。采用复合变性得到的变性淀粉具有每种变性淀粉各自的优点。

按生产工艺路线分为液相反应工艺（湿法工艺）和固相反应工艺（干法工艺）。

湿法生产工艺流程：

水　　化学品　　水
↓　　　↓　　　↓
原淀粉 → 调浆 → 反应 → 洗涤 → 脱水 → 干燥 → 筛分 → 成品

湿法也称浆法，即将淀粉分散在水或其他液体介质中，配成一定浓度的悬浮液，在一定的温度、时间、pH 值等条件下与化学试剂进行氧化、酸化、醚化、交联等反应，生成变性淀粉。大多数变性淀粉都可采用湿法生产。湿法加工变性淀粉的不足之处为工艺用水多、化学试剂消耗大、变性淀粉损失大、工业废水排放量大、能耗大、成本高。

湿法工艺流程描述：

淀粉的变性——淀粉浆用泵通过热交换器送入反应器，调节反应所需温度、pH 值，根据产品要求加入一定量的化学试剂反应，反应时间依据变性淀粉的黏度、取代度和交联度而定，达到要求后，立即停止反应，将浆料送入放料桶。

淀粉的提纯——浆料由放料桶用泵送入水洗工段，通过多级旋流或分离机对淀粉乳进行逆流清洗，淀粉乳经水洗后，过筛送入精浆桶内进入下一道工序。

淀粉的脱水干燥——使精浆桶内的淀粉乳进入脱水设备，脱水后的湿淀粉经气流干燥设备干燥，再经过筛分和包装，即为成品。

干法生产工艺流程：

化学品 → 混合；水 → 加湿

原淀粉 → 混合 → 预干燥 → 反应 → 冷却 → 加湿 → 筛分 → 成品

干法生产是淀粉在含少量水（通常含水20%左右）或少量有机溶剂的情况下与化学试剂反应生成变性淀粉的一种生产方法。相对于湿法工艺，干法工艺简单、收率高、无污染，是一种很有发展前途的生产方法。但目前干法生产工艺也存在着明显问题，如物料和化学试剂混合不均匀、反应不均一、反应时间长等。

干法工艺流程描述：

淀粉和化学品的准备——将淀粉送入计量桶中计量，化学试剂预先按一定比例在带有搅拌装置的桶内溶解，并被引射至高速混合器中，在此化学试剂被逐步地分散在淀粉中，继而直接进入干法反应器。

淀粉的变性——按变性淀粉的要求调节反应温度，当反应达到时间要求时立即冷却，并倾出。

产品筛分——将产品冷却后加水增湿、混合，进行筛分后包装，即为成品。

另外，滚筒干燥法是干法生产预糊化淀粉的主要方法，因采用的关键设备是滚筒干燥机而得名，虽然生产的品种不多，但就品种而言是不可缺少的生产方法，也可与化学变性结合使用。工艺流程如下：

原淀粉 → 调浆 → 过筛 → 预糊化 → 粉碎 → 筛分 → 成品

滚筒干燥工艺流程描述：

淀粉的准备——将淀粉送入计量桶中计量，配成19 ~ 21ºBé的淀粉乳，过筛除杂，避免损伤滚筒。

淀粉的α化——用蒸汽加热滚筒，使其表面温度在130 ~ 150℃，用泵将淀粉乳输送至滚筒表面，淀粉乳液在滚筒表面立即被糊化，调节小滚筒与主滚筒之间的间隙，可以调整预糊化淀粉膜的厚度，干燥后用刮刀将滚筒表面的淀粉膜刮下。

产品粉碎筛分——将预糊化后的产品进行粉碎，筛分后包装，即为成品。

变性淀粉加工的主要设备

湿法生产变性淀粉的主要设备有：罐（调浆罐、中间罐、试剂罐、滤液罐等），反应器（常压反应器或耐压反应器），洗涤系统（离心机、旋液分离等），脱水设备，气流烘干机，粉碎机，包装计量设备等。

干法生产变性淀粉的主要设备有：混合器，干法反应器，粉碎机，筛分设备，包装计量设备等。

预糊化淀粉生产的主要设备有：调浆罐，储料罐，曲筛，滚筒干燥机（双滚筒干燥机或单滚筒干燥机），粉碎机，筛分设备，包装计量设备等。

马铃薯“三粉”（粉条、粉丝、粉皮）加工

马铃薯粉条、粉丝、粉皮是最常见的马铃薯传统食品，历史悠久，制作方便，深受普通消费者的喜爱。

马铃薯粉条、粉丝是以马铃薯淀粉为主要原料，经和浆、成型、冷却、干燥等工序制成的条、丝状非即食性食品，呈马铃薯淀粉的色泽，含有丰富的营养成分，口感爽滑、老少皆宜。马铃薯粉皮是以马铃薯淀粉为原料经和浆后，摊平在容器或蒸具上蒸熟，得到的轻薄平整软皮状非即食性食品，色泽银白光洁，半透明，具有柔润嫩滑、口感筋道等特点。

“三粉”产品标准

马铃薯粉条、粉丝有国家标准 GB / T 23587，规定了其感官指标、理化指标和卫生指标，见表 2–12–1、表 2–12–2、表 2–12–3。

马铃薯粉皮尚无国家和行业标准，一些企业制定了粉皮的企业标准，见表 2–12–4、表 2–12–5、表 2–12–6。

表 2–12–1　感官要求

项　目	要　求
组织形态	丝条粗细均匀，无并丝，弹性良好
色　泽	具有马铃薯淀粉相应的色泽
气味与滋味	具有马铃薯淀粉应有的气味和滋味
杂　质	无肉眼可见外来杂质

表 2-12-2 理化指标

项目	要求		
	粉丝	干粉条	湿粉条
丝径（mm）	≤ 1.0	＞ 1.0	＞ 1.0
水分（g / 100 g） ≤	15.0	17.0	75.0
淀粉（g / 100 g） ≥	75.0	70.0	20.0
断条率（%） ≤	10.0		
灰分（g / 100 g） ≤	0.80		

表 2-12-3 卫生指标

项目	要求
二氧化硫残留量（以 SO_2 计）（mg / kg）	应符合 GB 2713 规定
铅（以 Pb 计）（mg / kg）	
总砷（以 As 计）（mg / kg）	
黄曲霉毒素 B1（μg / kg）	
铝（以 Al 计）（mg / kg）	应符合 GB 2762 规定

表 2-12-4 马铃薯粉皮 感官要求

项目	要求
色泽	具有马铃薯淀粉应有的色泽
形态	长条状或圆片状，厚薄均匀
手感	柔韧，有弹性
口感	复水后柔软、滑爽、有韧性，不粘牙，不砂齿
杂质	无肉眼可见外来杂质

表 2-12-5 马铃薯粉皮 理化指标

项目	指标
水分（g / 100 g） ≤	15.0
灰分（g / 100 g） ≤	0.8
淀粉（g / 100 g） ≥	75.0
破损率（%） ≤	8.0
厚度（mm）	0.5 ～ 2.0

表 2-12-6 马铃薯粉皮 卫生指标

项目	指标
总砷（以 As 计）（mg / kg） ≤	0.5
铅（Pb）（mg / kg） ≤	1.0
黄曲霉毒素 B1（μg / kg） ≤	5.0
二氧化硫（以 SO_2 计）（g / kg） ≤	0.1

“三粉”的加工工艺

粉条加工工艺流程：

配料→打芡→和面→制粉→散热与剪切→冷却→揉搓散条→干燥→成品

加工工艺描述：

原料——用于粉条加工的马铃薯淀粉应符合《GB / T 8884 食用马铃薯淀粉》标准，色泽鲜而白，无泥沙、细渣和其他杂质，且无霉变和异味。加工过程使用的食品添加剂应符合《GB 2760 食品添加剂使用卫生标准》的规定，加工用水应符合《GB 5749 生活饮用水卫生标准》的规定。

打芡——制取淀粉面团所用淀粉稀糊的过程被称为打芡。制粉条和面时加芡，其作用不仅可防止淀粉沉淀，而且可增强粉条韧性。制芡时先取少量生淀粉加温水调成淀粉乳，再加一定量的沸水或用蒸汽加热，先低速搅拌，然后逐渐提高搅拌速度，直至打成淀粉熟糊。一般每 100 kg 干淀粉取 3 ~ 4 kg 的淀粉作芡粉，加入少量温水调成浓粉乳，加水量为干淀粉的 1 倍，水温以 50 ~ 55℃ 为宜。先低速搅拌，后逐渐提高搅拌速度，直至成为均匀、晶莹透亮、熟化、劲大、丝长、具有一定黏度的熟糊，以防粉条过脆易断。

和面——和面过程实际上是用制成的芡将淀粉黏结在一起，并揉搓均匀成面团的过程。每 100 kg 干淀粉加芡量应为 20 ~ 25 kg，加水量为 60 ~ 75 L，和好的面团含水率应为 55 % ~ 60 %，呈半固体半流体，有一定黏性。

制粉——将和好的淀粉乳团送入挤压式粉条自熟机进料斗，直接经螺旋挤压机挤压完成熟化，在螺旋轴的推力下，从钢制粉条筛板挤出成型。淀粉悬浮液（浆）进入挤压机前应进行过滤。挤出的粉条进行常温风冷。

散热与剪切——粉条从筛板中挤出来后，温度和黏度仍然很高，会很快叠压黏结，不利于散条，应用风机对成型的粉条进行吹风散热，使挤出的热粉条迅速降温，降低黏性。当粉条达到一定长度时，应迅速剪断，并摊放于专用器具上，以便冷却。

冷却——熟化后的粉条需要在低温静置条件下逐渐转变为不溶性的凝胶状，使粉条具有耐煮性，这个过程为粉条的老化。将熟化的粉条置入冷水池冷却，冷水温度在 20 ℃以下，并及时补充冷水。在冷水中冷却的目的主要是迅速把糊化后的淀粉变成凝胶状，洗去表层部分黏液，降低粉条黏性，减少粉条之间的黏结性。冷冻是加速粉条老化最有效的措施，是最常用的粉条老化技术，同时防止粉条粘连。为了提高粉条质量，可采用冷库冷冻，冷冻室预设初始温度为 4 ℃，每降 1 ℃，保温 1h，至 0 ℃后，快速降至 −9℃，并保持冷冻 12 ～ 14 h，以冻透为宜。

搓粉散条——把冷却好的粉条放入冷水（解冻水温 15 ～ 20 ℃）中浸泡 10 ~ 20 min，经浸泡揉搓散条，然后进行干燥。

干燥——经过干燥，将水分降低到安全的含量，有利于贮藏和运输。一般用风干流水线，湿粉条缓慢经过风干隧道，温度控制在 20 ～ 30 ℃，调节并保持适宜的风速，进风量 40000m^3 / h 左右，经风干 40 min 至 60 min 即成干品，产品质量稳定、干净、卫生。

粉皮加工工艺流程：

原料 → 打芡 → 制浆 → 上浆成型 → 蒸制 → 冷却 → 干燥切制 → 成品

加工工艺描述：

原料——用于粉皮加工的马铃薯淀粉应符合《GB / T 8884 食用马铃薯淀粉》标准，色泽鲜而白，无泥沙、细渣和其他杂质，且无霉变和异味。加工过程使用的食品添加剂应符合《GB 2760 食品添加剂使用卫生标准》的规定，加工用水应符合《GB 5749 生活饮用水卫生标准》的规定。

打芡——先取少量生淀粉加温水调成淀粉乳，再加入一定量的沸水或用蒸汽加热，先低速搅拌，然后逐渐提高搅拌速度，直至打成淀粉熟糊。一般每 100 kg 干淀粉取 3 ～ 4 kg 的淀粉作芡粉，加入少量温水调成浓粉乳，加水量为干淀粉的 1 倍，水温以 30 ～ 40 ℃为宜。先低速搅拌，后逐渐提高搅拌速度，直至成为均匀、具有一定黏度的熟糊，以防粉皮过脆易断。

制浆——熟芡打好后，按一定比例加入干淀粉和温水及食盐等添加剂，充分搅拌均匀，至无粒块为止。一般粉皮(厚 0.7 ~ 0.8 mm)总加水量(包括打芡用水量)为干淀粉的 1.1 ~ 1.3 倍(薄粉皮取上限，厚粉皮取下限)，淀粉糊浆的含水量为 57 % ~ 62 %。

上浆成型——机制粉皮的成型是利用一环型金属带，淀粉糊浆由泵送至成型设备的料斗，进入运动中的金属带上经过蒸箱成型。蒸箱水温 90 ~ 95 ℃。

蒸制——成型的粉皮经过蒸箱的时间很短，只有在较高的温度(95 ~ 100 ℃)条件下才能很快成熟。如果温度低，成熟不好，会出现透明度不好、不耐煮的产品。因此，要求蒸箱有足够的过热蒸汽。

冷却——粉皮蒸熟后进入冷却箱进行降温。采用循环冷水，利用多孔管将水喷在金属带粉皮的另一面上，起到对粉皮的冷却作用，促使粉皮老化，增强韧性。冷却后的湿粉皮与金属带间形成相对的位移，利用刮刀将湿粉皮与金属带分离进入烘干箱进行干燥。

干燥切制——湿粉皮的烘干，是在烘箱(20 ~ 25 m)内的多层不锈钢网带(3 ~ 5 层、带速同金属带基本同步)上，利用干燥的热气，通过匀风板均匀地将粉皮烘干。烘干箱内的空气要洁净，温度应适中、均匀，进口温度 130 ~ 140 ℃。待粉皮八成干时(在第三层)，其表面黏度降低，韧性增加，易于切制，可利用组合切刀切制成要求的尺寸。切制后的粉皮进入烘干箱外的最后一层网带，经干燥冷却为成品即可出机，以备包装。

“三粉”产品加工的主要设备

制浆设备：制浆机主要由搅拌辊、搅拌箱、传动系统、机架等组成，用于淀粉和水的均匀混合，采用不锈钢双辊相向搅拌，淀粉经勾芡加入添加剂及适量的水后进行均匀拌和，制成符合要求的淀粉浆。

和面设备：和面机由搅拌缸、搅勾、传动装置、机架等部分组成。螺旋搅勾由传动装置带动在搅拌缸内回转，同时搅拌缸在传动装置带动下转动。缸内面粉不断地被推、拉、揉、压，充分搅和，迅速混合，使淀粉得到均匀的水化作用，扩展面筋，成为具有一定弹性、伸缩性和流动均匀的淀粉团。

真空和面机：拌和好的淀粉团

通过螺杆挤压进入真空和面机，经负压处理，把淀粉团中的气泡除去，经过这种处理后加工的粉条、粉丝外观光洁，粗细均匀，透明、耐煮，不断条，易干燥，使成品质量大大提高。

制粉熟化设备：将淀粉团送入粉条机进料口内，通过螺旋推进装置将粉团推进粉条漏板漏出，采用水蒸汽加热粉条机内的管路，使粉条在螺旋推进当中得到成熟。采用双螺旋更利于粉条的熟化，粉条在成形过程中熟化。

干燥设备：常用的干燥设备为多层热风循环干燥机，热风循环系统采用风机送风方式，风循环均匀。风源由循环送风机经由加热器送出，经由风道至烘箱内室，确保室内温度均匀性。当因开关门动作引起温度值发生摆动时，送风循环系统迅速恢复操作状态，直至达到设定温度值。热风循环烘箱可分为两种风道设计模式，有上下垂直送风模式和水平送风模式。

切割设备：采用对辊切割方式、带式传动装置，将粉条摆放在进料板上，传送至切割室，上带和下带慢慢收紧压实粉条，送至切刀，上下对切，切割成段。切条整齐，碎条少。

粉皮切制机：采用直条切割工艺，自动竖切横切，成品长短、宽窄均可调节。一机多用，既可用于粉片、粉皮的切制，又可加工粉条、粉丝、宽粉等产品。

参考文献

中文部分

[1] 卞春松，金黎平，徐立群，杨琳，连勇，屈冬玉．我国马铃薯贮藏的现状及发展 [C]，中国作物学会马铃薯专业委员会 2000 年年会 :126-131.

[2] 陈亚兰，张健 .5 种药剂对贮藏期马铃薯干腐病防效试验 [J]. 甘肃农业科技，2016，3:42-45.

[3] 蔡仁祥，成灿，林宝义．马铃薯营养价值与主食产品 [M]. 杭州：浙江科学技术出版社，2008.

[4] 程建新，田世龙，李守强，李梅．自研 KY-2 型马铃薯抑芽雾化机雾化效果及其药剂性能观察 [C]， 中国马铃薯大会 .2016:327-330

[5] 丁映，颜谦，李云．贵州威宁马铃薯冬季几种不同贮藏方式的保鲜效果 [J]. 江苏农业科学，2012，40(09):258-259.

[6] 范志廷．马铃薯贮藏期间黑心病的发生与防治 [J]. 现代农村科技，2012:30.

[7] 葛霞，田世龙，田甲春，李梅，李守强， 程建新．香芹酮处理对马铃薯微型薯发芽调控及田间种植的影响 [J]. 中国马铃薯 ，2019，33(03):175-183.

[8] 葛霞，徐瑞，李梅，田甲春，李守强，程建新，田世龙．香芹酮对马铃薯种薯发芽的调控机制 [J]. 中国农业科学，2020，53(23):4929-4939

[9] 葛霞，田世龙，徐瑞，黄铮，田甲春 . 一种以羟丙基 -β- 环糊精为缓释载体的右旋香芹酮马铃薯抑芽剂 [P]. CN110226600A.

[10] 巩师洋，王福平，李瑞 . 基于物联网的马铃薯贮藏环境智能监控系统 [J]. 北方园艺，2019(05): 169-174.

[11] 郝智勇 . 马铃薯贮藏的影响因素及方法 [J]. 黑龙江农业科学，2014(10):112-114.

[12] 贾蕊鸿 . 马铃薯立枯丝核菌毒素对植株细胞膜伤害机理的研究 [D]. 兰州：甘肃农业大学，2016.

[13] 姜红 . 采后 BTH 处理对马铃薯块茎愈伤的促进 [D]. 兰州：甘肃农业大学，2017.

[14] 康彩琴 . 马铃薯种薯贮藏性能和贮藏技术分析 [J]. 蔬菜，2016，8:55-57.

[15] 康朵兰 . 马铃薯大西洋块茎在休眠萌发和低温贮藏期的生理生化变化 [D]. 长沙：湖南农业大学， 2007.

[16] 雷静，许立兴，崔新仪，关文强，李宁，王艳斌 . 高效液相色谱法测定马铃薯中 GA_3 含量 [J]. 保鲜与加工，2016，16(4):123-127.

[17] 李家庆 . 果蔬保鲜手册 [M]. 北京：中国轻工业出版社 .

[18] 李莉，杨静，刘文成 . 马铃薯软腐病的辨别及防治方法 [J]. 园艺与种苗，2017(08): 63-64，79.

[19] 李梅，田世龙，程建新，李守强， 葛霞， 张欣 . 三种防腐剂对马铃薯薯块干腐病菌的毒力及抑制作用 [J]. 植物保护，2013，39(6):188-192.

[20] 李守强，李梅，葛霞，田世龙 . 抑芽剂对马铃薯的效果试验 [J]. 甘肃科技，2008，24(23):156-161.

[21] 李守强，田世龙，颉敏华，李梅，葛霞，陆磊 . 氯苯胺灵在马铃薯中残留及降解动态的研究 [J]. 保鲜与加工，2009，2:35-37.

[22] 李守强，田世龙，葛霞，李梅，程建新，田甲春 . 强制通风智能控制仪对马铃薯贮藏窖的环境调控效果试验 [J]. 粮食加工，2017，42(01):66-69.

[23] 李洋 .4 株软腐病菌对马铃薯块茎防御酶活性的影响及其致病基因的克隆和表达 [D]. 兰州：甘肃农业大学，2013.

[24] 刘崇林，胡军，赵胜雪，沙龙，于志成 . 马铃薯收获机具研究进展 [J]. 中国农机化学报， 2019，40 (4):31-35.

[25] 刘瑞瑞，王福平 . 基于 STM32 的马铃薯贮藏环境监测系统的设计 [J]. 江苏农业科学，2017，45(24): 206-209.

[26] 刘莉 . 蔬菜营养学 [M]. 天津：天津大学出版社，2014.

[27] 刘海金 . 马铃薯贮藏期间品质变化及涂膜保鲜效果的研究 [D]. 呼和浩特：内蒙古农业大学， 2011.

[28] 刘海英 . 马铃薯不同贮藏方式的保鲜效果研究 [J]. 蔬菜 ，2014，(12):81-83.

[29] 刘佳，哈斯，张建平 . 抑霉唑对马铃薯干腐病的防效 [J]. 中国马铃薯，2018，32(2):108-113.

[30] 刘亚武，李国旗，周薇，刘喜平，张秀珍 . 不同贮藏方式对马铃薯种薯生理特性的影响 [J]. 西北农业学报，2012，21(04): 65-70.

[31] 卢雪 . 樟脑对马铃薯发芽过程中生理影响和蛋白质组研究 [D]. 成都：四川农业大学，2018.

[32] 吕承承，童铸，鲁黎明，王西瑶，李立芹 . 葡萄籽油对马铃薯块茎抑芽效应的蛋白质组学研究 [C]， 马铃薯产业与美丽乡村，2020.

[33] 马莺，顾瑞霞 . 马铃薯深加工技术 [M]. 北京：中国轻工业出版社，2003.

[34] 裴慧兰，王爱军 . 马铃薯干腐病发生规律及防治措施 [J]. 现代农业科技，2017(7):123，127.

[35] 普红梅，杨万林，刘凌云，杨琼芬，白建明，李燕山，姚春光 . 薄荷精油对不同基因型马铃薯原原种的抑芽效果 [J]. 中国蔬菜，2016，(10):67-70.

[36] 秦文，李梦琴 . 农产品贮藏加工学 [M]. 北京：科学出版社，2013.

[37] 秦跃龙 .CO_2 对马铃薯块茎采后品质的影响研究 [D]. 兰州：兰州理

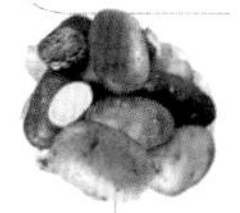

工大学，2014.

[38] 申海洋 . 甘薯联合收获弧栅交接刮板链输送机构研究与优化 [D]. 中国农业科学院，2021.

[39] 司怀军，张宁，刘柏林，文义凯，唐勋，杨江伟，周香艳 . 马铃薯块茎休眠与发芽性状调控的分子基础研究 [C]，马铃薯产业与精准扶贫，2017:177-182.

[40] 田甲春，田世龙，李守强，葛霞，李梅，程建新，张辉元 . 低氧高二氧化碳贮藏环境对马铃薯品质的影响 [J]. 食品科学，2020，41(15): 275-281.

[41] 田世龙，李梅，程建新，李守强，葛霞，田甲春，张辉元 . ClO_2 对马铃薯块茎软腐病菌的控制效果及作用机理 [J]. 保鲜与加工，2020，20(03):1-6.

[42] 吴丽萍 . 关于马铃薯科学贮藏问题的探讨 [J]. 北京农业，2016，(05):68-69.

[43] 吴明阳，李万明，丁大杰，范香全，赵罗琼，黄娟，邓力，何艺璇 . 马铃薯抑芽药剂研究进展 [J]. 中国马铃薯，2019，33(3):184-188.

[44] 伍贵方，蒙迪冰，罗全丽，郑松，吴春俊 . 马铃薯种薯贮藏技术研究初报 [J]. 贵州农业科学， 2003(06):46-47.

[45] 谢江，田世龙，李守强， 徐杰，姚英政， 梁强，曾晓丹，谢开云，宋飞鸿， 李文娟， 莫建超，葛中卫， 罗李飞 . 农产品通风保温贮藏库 [P]. CN205671021U.

[46] 谢开云，何卫，曲纲， 卢学兰 . 马铃薯贮藏技术 [M]. 北京 : 金盾出版社，2011.

[47] 薛莉媛 . 马铃薯块茎芽端和茎端芽眼组织发芽特性的研究 [D]. 兰州 : 兰州理工大学 ，2018.

[48] 王亮，李超，张立新，赵迎丽，张晓宇 . 马铃薯贮藏通风控制装置及系统 [P]:201810067693.4. 2018.8.3

[49] 王培伦，陈广侠，马蕾 . 出口马铃薯安全生产技术 [M]. 济南 : 山东

科学技术出版社，2015.

[50] 王文重，高云飞，闵凡祥，杨帅，魏琪，郭梅 . 马铃薯镰刀菌干腐病研究进展及防控手段 [J]. 植物保护，2020，46(05):6-12.

[51] 王文生，杨少桧 . 果品蔬菜保鲜包装应用技术 [M]. 北京 : 印刷工业出版社，2008.

[52] 魏延安 . 陕西省马铃薯产业发展研究 [D]. 杨凌 : 西北农林科技大学，2005.

[53] 徐烨，高海生 . 国内外马铃薯产业现状及贮藏技术研究进展 [J]. 河北科技师范学院学报，2018，32(4):24-31，47.

[54] 闫慧梅 . 晋蜜梨的棚窖贮藏 [J]. 农产品加工，2006(03): 36-37.

[55] 闫晓洋 . 不同马铃薯品种休眠特性研究 [D]. 杨凌 : 西北农林科技大学，2017 .

[56] 杨红光，胡志超，王冰，彭宝良，王公仆 . 马铃薯收获机械化技术研究进展 [J]. 中国农机化学报 ， 2019，40(11):27-34.

[57] 杨军林，任亚梅，李敏，周欣晓，胡馨木，魏君慧 . 马铃薯贮藏期抑芽及防腐技术的研究进展 [J]. 食品工业，2018，3(6):245-249.

[58] 杨月欣 . 中国食物成分表，第二版 [M]. 北京 : 北京大学医学出版社，2009.

[59] 威廉·F. 塔尔伯特，奥拉·史密斯 . 马铃薯生产与食品加工 [M]. 上海 : 上海科学技术出版社，2017.

[60] 钟蕾 . 生长调节剂对马铃薯贮藏期休眠及萌发的影响 [D]. 成都 : 四川农业大学， 2017 .

[61] 郑许华 . 不同贮藏方式对马铃薯微型薯活力及生理生化特性的影响 [D]. 甘肃农业大学 ，2010.

[64] 赵正军，王福平，潘杰，原思杰 . 基于 Wi-Fi 的马铃薯贮藏环境测控系统设计与应用 [J]. 江苏农业科学，2019，47(02): 233-237.

[63] 张路 . 氯苯胺灵对马铃薯贮藏作用效果及残留研究 [D]. 呼和浩特 : 内蒙古农业大学，2011.

[64] 张平，朱志强，任朝晖 . 国内外现代果蔬物流运输保鲜环境调控系统发展现状及展望 [J]. 保鲜与加工，2010，10(2):1-4.

[65] 张仁堂 . 现代物流中果品品质调控关键技术及管理信息系统研究 [D]. 泰安：山东农业大学， 2005.

[66] 张小川，颉瑞霞，郭志乾，张国辉，张新学，张建虎 . 马铃薯试管薯贮藏方法研究 [J]. 宁夏农林科技，2017，58(06):5-8.

[67] 张远学，田恒林，沈艳芬，高剑华，肖春芳，陈家吉 . 西南山区马铃薯贮藏现状分析及对策建议 [J]. 农业工程技术（农产品加工业），2012，(08):41-43.

[68] 张远学，郭光耀，田恒林，沈艳芬，高剑华，肖春芳 . 西南山区马铃薯储前预处理技术 [J]. 湖北农业科学，2014，53(11):2627-2630.

[69] 张志英，张胜利，李彦军 . 吉林省马铃薯的冬季贮藏与管理 [J]. 吉林农业科学， 2009，34(1):59-62.

[70] 赵正军，王福平，潘杰，原思杰 . 基于 Wi-Fi 的马铃薯贮藏环境测控系统设计与应用 [J]. 江苏农业科学，2019，47(2):233-237.

[71] 中华人民共和国农业部 . 薯类贮藏技术规范：NY/T 2789-2015[S]. 北京：中国农业出版社， 2015.

[72] 中华人民共和国住房和城乡建设部， 中华人民共和国国家质量技术监督检验检疫总局 . 马铃薯贮藏设施设计规范：GB/T51124-2015[S]. 北京：中国计划出版社，2015.

[73] 周长艳 . 不同贮藏条件下马铃薯生理特性的研究 [D]. 呼和浩特：内蒙古农业大学.

[74] 周兰芳 . 马铃薯脱毒种薯病虫害发生特点及综合防治对策 [J]. 现代农业科技，2017，4:118-119.

[75] 朱明 . 马铃薯贮藏技术与设施问答 [M]. 中国农业科学技术出版社，2016.

[76] 陈璥 . 马铃薯与马铃薯淀粉有那些特性 [J]. 淀粉与淀粉糖，1999，4:42-45.

[77] 陈志等 . 农产品加工业重塑中国农业 . 瞭望新闻周刊，2001 年第 33 期 .

[78] 陈志等合著 . 农产品加工工程 . 中国科学技术出版社，2004.

[79] 陈奇伟等 . 马铃薯淀粉生产技术 . 薯类产业学 . 金盾出版社，2007.

[80] 褚良银 . 水力旋流器应用开发与进展 . 过滤与分离，1998，1:14-18.

[81] 杜润鸿等 . 油炸薯片的工艺研究及其生产线 . 粮油与食品机械，2001 年第 3 期 .

[82] 高源 . 马铃薯淀粉分离用旋流管性能的研究 . 农业机械学报，2001 年第 6 期 .

[83] 顾芳珍 . 旋流闪急干燥器旋流发生器结构研究 . 内蒙古石油化工，2000，26:5-8 .

[84] 韩德乾等合著 . 农产品加工业的发展与新技术应用 . 农业出版社，2001.

[85] 嘉安 . 淀粉及淀粉工艺学 . 中国农业科技出版社，2001.

[86] 李浪等合著 . 淀粉科学与技术 . 河南科学技术出版社，1994.

[87] 林亚玲等 . 水力旋流器分离马铃薯淀粉的试验研究 . 农业机械学报，2002，33（4）：55-58.

[88] 林亚玲等 . 马铃薯加工业发展现状与对策 . 农产品加工，2003.1：10-12.

[89] 林亚玲等 . 多酚氧化酶催化褐变机理及其抑制方法研究概述 . 中国机械工程学会包装与食品工程分会学术年会论文集，2011.

[90] 刘培坤等 . 水力旋流器的应用综述 . 矿山机械，1999(4).

[91] 刘文秀等 . 影响油炸薯片质量的主要因素及分析等 . 全国农产品加工技术研讨会，2000.

[92] 刘文秀等 . 我国马铃薯加工业发展现状及创新思路 . 第 5 届世界马铃薯大会，2003.

[93] 刘文秀等 . 我国油炸土豆片行业现状与发展前景 . 农产品加工，2003 年第 3 期 .

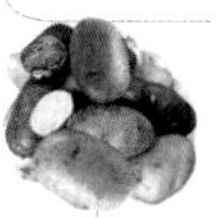

[94] 马莺等 . 马铃薯深加工技术 [M]. 中国轻工业出版社，2003.

[95] 彭鑑君等 . 油炸马铃薯制品煎炸油的劣变及其控制 . 包装与食品机械，2008 年第 3 期 .

[96] 秦波涛等 . 薯类综合加工及利用 . 中国轻工出版社，1997.

[97] 沈群 . 薯类加工技术 . 中国轻工业出版社，2008.

[98] 王国扣 . 俄罗斯马铃薯淀粉全旋流装置及应用 . 淀粉与淀粉糖，1995(2)：32-36.

[99] 王瑾等 . 滚筒干燥数学模拟的研究进展 [J]. 食品与包装机械，2011，29(4)：44-47.

[100] 王娟慧 . 马铃薯净菜的保鲜研究 [D]. 湖南农业大学硕士学位论文，2007:9-41.

[101] 吴刚等 . 油炸薯片工艺及其生产线 . 农机与食品机械，1996 年第 3 期.

[102] 吴刚等 . 蒸汽去皮机的特点及应用 . 全国农产品加工、食品和包装工程学术研讨会论文集，2005.

[103] 无锡轻工业学院，天津轻工业学院合编 . 食品工程原理（下册）. 中国轻工业出版社，1996.

[104] 许克勇等 . 薯类制品加工工艺与配方 [M]. 科学技术文献出版社，2001.

[105] 阎安等 . 水力旋流器现状及发展趋势 . 石油机械，1996 年增刊 第 24 卷 :159-163.

[106] 杨炳南等 . 马铃薯薯条加工及对策 . 粮油加工与食品机械，1999 年第 2 期 .

[107] 杨炳南等 . 马铃薯加工业发展现状与对策建议 . 马铃薯产业与粮食安全 . 哈尔滨工程大学出版社，2009.

[108] 杨炳南等 . 最少加工马铃薯贮存过程营养物质变化研究 . 中国机械工程学会包装与食品工程分会学术年会论文，2010.

[109] 杨炳南等 . 净鲜马铃薯丝、丁半成品保鲜实验研究 . 马铃薯产业

与科技扶贫 . 哈尔滨工业出版社，2011.

[110] 杨炳南等 . 国内外果蔬鲜切加工技术研究现状 . 农产品加工学刊，2011，10：36-40.

[111] 伊莱亚森（瑞典）编，赵凯等译 . 食品淀粉的结构、功能及应用 . 中国轻工业出版社，2009.

[112] 张力田 . 淀粉糖（修订版）. 中国轻工业出版社，2007.

[113] 张清泉等 . 新型高效锉磨机设计 . 粮油加工与食品机械，2005 年第 12 期 .

[114] 张先达等 . 马铃薯淀粉加工新工艺 . 中国机械工程学会包装与食品工程分会第五届学术年会论文集，1998.

[115] 赵有斌等. 2008 中国农产品加工业发展报告 . 中国农业科学技术出版社，2009.

[116] 张燕萍 . 变性淀粉制造与应用［M］. 化学工业出版社，2001.

英文部分

[1] Adorjan B，Buchbauer G.Biologicalproperties of essential oils: An updated review[J]. Flavour and Fragrance Journal， 2010， 25(6).

[2] Arifa Khalid，Faheem Aftab.Effect of exogenous application of IAA and GA3 on growth， protein content， and antioxidant enzymes of Solanum tuberosum L.grown in vitro under salt stress[J].InVitro Cellular & Developmental Biology，2020，56(3).

[3] Arif Sanlı，Tahsin Karadogan. Carvone containing essential oils as sprout suppressants in potato (Solanum tuberosum L.) tubers at different storage tempcraturcs[J]. Potato Research，2019，62(3).

[4] Baydar H，Karadogan T.The effects of volatile oils on in vitro potato sprout growth[J]. Potato research， 2003， 46(1-2): 1-8.

[5] Bhattacharya E, Biswas S M, Pramanik P.Maleic and l-tartaric acids as new anti-sprouting agents for potatoes during storage, in comparison to other efficient sprout suppressants[J].Springer Science and Business Media LLC, 2021(1).

[6] BisogninD A, MullerD R, StreckN A, GnocatoF S.Thermal sum of potato plants and tuber sprouting[J]. Ciência Rural, 2017, 47

[7] Bojanowski A, Avis T J, Pelletier S Tweddell R J. Management of potato dry rot[J]. Postharvest Biology and Technology, 2013, 84, 99-109.

[8] Carstens AB, Djurhuus AM, Kot W, Hansen LH. A novel six-phage cocktail reduces Pectobacterium atrosepticum soft rot infection in potato tubers under simulated storage conditions [J]. FEMS Microbiol Lett. 2019 May 1;366(9):fnz101.

[9] ChenX L, DingY B, KanJ Q. Changes in the content and influence factors of alpha-solanine in potato during storage[J]. Emirates Journal of food and agriculture, 2018, 30:10-16.

[10] Cools K , Maria D, Terry L A.Controlling sprouting in potato tubers using ultraviolet-c irradiance [J]. Postharvest Biology and Technology, 2014, 98, 106-114.

[11] Dako E, Jankowski C K, Gnimassou Y M, Lebeau D. Study of inhibition of germination of potato by ethylene [J] . Heliyon, 2021, 7(2), e06175.

[12] FrazierM, OlsenN . The effects of chlorpropham exposure on field-grown potatoes [J].American Journal of Potato Research, 2015, 92 (1): 32-37.

[13] GachangoE, KirkWW, SchaferR. Effects of In-Season Crop-Protection Combined with Postharvest Applied Fungicide on Suppression of Potato Storage Diseases Caused by Oomycete Pathogens [J]. Crop Protection, 2012, 41:42-48.

[14] Ge X, Huang Z, Tian J C, XuR, WuX H , TianS L. S-(+)-carvone/ HPβCD inclusion complex: Preparation, characterization and its application as a new sprout suppressant during potato storage[J]. Food Chemistry Advances, 2022, 1:1-8.

[15] Heltoft P, Wold A B, Molteberg E L.Effect of ventilation strategy on storage quality indicators of processing potatoes with different maturity levels at harvest[J]. Postharvest Biology & Technology, 2016, 117:21-29.

[16] Huang Z, Tian S L, Ge X, Zhang J, Li S Q, Li M, Cheng J X, Zheng H W . Study on inclusion complexation of chloropropham with hydroxypropyl-β- cyclodextrin and its application in potato sprout inhibition[J], Carbohydrate Polymers, 2014, 107: 241-246.

[17] Karanisa T, Akoumianakis K, Alexopoulos A, Karapanos I. Effect of postharvest application of carvone on potato tubers grown from true potato seed (tps)[J]. Procedia Environmental Sciences, 2015, 29:166-167.

[18] Khalil I. Al-Mughrabi, Appanna Vikram, Rick D. Peters, Ronald J. Howard, Lucie Grant, Tharcisse Barasubiye, Kelvin Lynch, René Poirier, Kathy A. Drake, Ian K. Macdonald, Sharon L.I. Lisowski, Kithsiri E. Jayasuriya. Efficacy of Pseudomonas syringae in the management of potato tuber diseases in storage [J].Biological Control, 2013, 64(3): 315-322.

[19] MahtoaR, DasM.Effect of gamma irradiation on the physico-mechanical and chemical properties of potato (Solanum tuberosum L.), cv. 'Kufri Sindhuri' , in non-refrigerated storage conditions[J].Postharvest Biology and Technology, 2014, 92, 37-45.

[20] Mahto, Rina, Das, Madhusudan..Effect of γ irradiation on the physico-mechanical and chemical properties of potato (Solanum tuberosum L), cv. 'Kufri Chandramukhi' and 'Kufri Jyoti' , during storage at 12 °C [J]. Radiation Physics and Chemistry, 2015, 2:12-18.

[21] Meng Q, Hanson L E , Douches D, Hao J J. Managing scab

diseases of potato and radish caused by streptomyces spp. using bacillus amyloliquefaciens bac03 and other biomaterials [J]. Biological Control: Theory and Application in Pest Management, 2013, 67(3): 373-379.

[22] MosesS.Owolabi, RasaqA. Olowu, Labunmi Lajide, Matthew O. Oladimeji, EduardoPadilla-Camberos, José Miguel Flores-Fernándezd. Inhibition of potato tuber sprouting during storage by the controlled release of essential oil using a wick application method [J].Industrial Crops and Products, 2013, 45: 83-87.

[23] Murigi Winnie Wanjiku, Nyankanga Richard Ombui, Shibairo Solomon Igosangwa. Effect of Storage Temperature and Postharvest Tuber Treatment with Chemical and Biorational Inhibitors on Suppression of Sprouts During Potato Storage[J]. Journal of Horticultural Research, 2021, 29(1):83-94.

[24] Naoya H, 比留間 直也, Osamu K, 金井 理, Takako I, 郁田 孝 子 .Device and method for suppressing germination and growth of potatoes. JP2016220627A.

[25] Paul V, Ezekiel R, Pandey R.Sprout suppression on potato: Need to look beyond CIPC for more effective and safer alternatives [J]. Journal of Food Science and Technology, 2016, 53(1) : 1-18.

[26] Preedy V . Processing and Impact on Active Components in Food. 2014.

[27] Pringle B, Bishop C, Clayton R . Potatoes postharvest. CAB Internataional 2009

[28] Pristijono P,Bowyer M C, Scarlett C J,Vuong Q V, Stathopoulos C E, Golding J B. Effect of UV-C irradiation on sprouting of potatoes in storage[J]. Acta Horticulturae, 2018, 1194: 475-478.

[29] RizzoV, Amoroso L, LicciardelloF, MazzagliaA, MuratoreG, Restuccia, C, Lombardo S, Pandino G, Strano M G, Mauromicale G. The effect of sous vide packaging with rosemary essential oil on storage quality

of fresh-cut potato [J]. LWT- Food Science and Technology, 2018, 94, 111-118.

[30] Sanli A, Karadogan T.Carvone containing essential oils as sprout suppressants in potato (Solanum tuberosum L.) tubers at different storage temperatures[J]. Potato Research, 2019, 62: 345-360.

[31] Sessler R, Fleming C, Seguin K. Compositions and methods for controlling insect pests:, US2022089658A1[P]. 2022.

[32] Sofia G. Foukaraki1, Katherine Cools1, Leon A. Terry. Differential effect of ethylene supplementation and inhibition on abscisic acid metabolism of potato (Solanum tuberosum L.) tubers during storage[J]. Postharvest Biology and Technology, 2016, 112:87-94.

[33] Sorce C, Lorenzi R, Parisi B, Ranalli P.Physiological mechanisms involved in potato (Solanum tuberosum) tuber dormancy and the control of sprouting by chemical suppressants[J].Acta Horticulturae, 2005, 684(1): 177-185.

[34] Shukla S, Pandey S S, Chandra M, Pandey A, Bharti N, Barnawal D, Chanotiya CS, Tandon S, Darokar M P, Kalra A. Application of essential oils as a natural and alternate method for inhibiting and inducing the sprouting of potato tubers[J]. Food Chemistry, 2019, 284: 171-179.

[35] Sharma A. Essential oil as organic and alternative methods for potato[J]. International Journal of Engineering and Mathematical Sciences, 2012, 1: 34-39

[36] TiwariRK, BashyalB M, ShanmugamV, LalM K, KumarRSharmaS, Vinod, Gaikwad K, Singh B, Aggarwal R . Impact of fusarium dry rot on physicochemical attributes of potato tubers during postharvest storage[J]. Postharvest Biology and Technology, 2021(181-), 181.

[37] Gomez-Castillo, Cruz, Iguaz, Arroqui, Virseda.Effects of

essential oils on sprout suppression and quality of potato cultivars[J]. Postharvest Biology and Technology, 2013, 82: 15-21.

[38] Visse-Mansiaux, MargotTallant, MaudBrostaux, YvesDelaplace, PierreVanderschuren, HerveDupuis, Brice. Assessment of pre-and post-harvest anti-sprouting treatments to replace CIPC for potato storage[J]. Postharvest Biology and Technology, 2021, 178(1).

[39] Yangui T, Sayadi S, Dhouib A.Sensitivity of pectobacterium carotovorum to hydroxytyrosol-rich extracts and their effect on the development of soft rot in potato tubers during storage[J]. Crop Protection, 2013, 53:52-57.

[40] ZhengX Y, LiM, TianS L, LiS Q, ChenJ X, ZhangX J, WuX H, GeX, TianJ C, MuY W, Song J.Integrated Analysis of Transcriptome and Metabolome Reveals the Mechanism of Chlorine Dioxide Repressed Potato (Solanum tuberosum L.) Tuber Sprouting[J]. Frontiers in Plant Science, 2022.